海上光伏电站建设固定桩基施工工艺及专用装备研究

周成龙　宋政昌　魏玉平　等 编著

中国水利水电出版社
www.waterpub.com.cn
·北京·

内 容 提 要

光伏发电“由陆转海”是夯实国家能源战略的重要举措。陆上光伏多处于远离消费者的偏远地区，电力需求有限，又不能及时并网输送，因此存在大量弃光弃电现象。沿海地区人口密度大、经济发展好，电力需求旺盛，充分利用沿海地区近海资源发展海上光伏发电项目，有利于解决沿海经济发达地区的电力需求。国内海上光伏产业尚处于起步探索阶段，还没有成熟经验可借鉴，没有专用的海上光伏专业施工装备。本书主要内容包括海上光伏发展背景、海上光伏桩基施工环境研究、海上光伏桩基施工工艺研究、海上光伏桩基施工装备研制、海上光伏桩基施工装备智能化系统研制等。

本书内容详实，图文并茂，可为相关行业广大从业人员提供有益参考。

图书在版编目（CIP）数据

海上光伏电站建设 : 固定桩基施工工艺及专用装备研究 / 周成龙等编著. -- 北京 : 中国水利水电出版社, 2024. 11. -- ISBN 978-7-5226-2960-5

Ⅰ. TM615

中国国家版本馆CIP数据核字第2024FZ5407号

书　　名	**海上光伏电站建设：固定桩基施工工艺及专用装备研究** HAISHANG GUANGFU DIANZHAN JIANSHE GUDING ZHUANGJI SHIGONG GONGYI JI ZHUANYONG ZHUANGBEI YANJIU
作　　者	周成龙　宋政昌　魏玉平　等 编著
出版发行	中国水利水电出版社 （北京市海淀区玉渊潭南路 1 号 D 座　100038） 网址：www. waterpub. com. cn E - mail：sales@mwr. gov. cn 电话：（010）68545888（营销中心）
经　　售	北京科水图书销售有限公司 电话：（010）68545874、63202643 全国各地新华书店和相关出版物销售网点
排　　版	中国水利水电出版社微机排版中心
印　　刷	天津嘉恒印务有限公司
规　　格	184mm×260mm　16 开本　12 印张　242 千字
版　　次	2024 年 11 月第 1 版　2024 年 11 月第 1 次印刷
定　　价	**88.00** 元

本书编委会

主　　编　周成龙　宋政昌　魏玉平

副主编　张　伟　鲁志峰　高雄杰　郝　鑫　张　艳

参　　编　孙兴汉　丁　宁　张杨洋　李　乐　田伟辉　王　博　高　玺　吴世琴　刘　超　郭　永　寇　盼　崔程程

编写单位　中国电建集团西北勘测设计研究院有限公司

中电建（西安）港航船舶科技有限公司

前言

随着全球对清洁能源的需求日益增长，太阳能作为一种取之不尽、用之不竭的可再生能源，其开发利用受到了广泛关注。海上光伏凭借其资源丰富、不占用陆地空间等优势，正逐渐成为光伏产业发展的新方向和研究热点。

在海上光伏电站建设中，固定桩基施工是至关重要的环节，其施工工艺和专用装备直接关系到整个海上光伏项目的建设质量、效率和安全性。然而，由于海上环境的复杂性和特殊性，相较于陆地光伏，海上光伏桩基施工面临着诸多挑战。这包括复杂多变的海洋气象条件、海水腐蚀、复杂的地质条件以及海上施工的高难度和高风险等。

本书聚焦于海上光伏电站建设固定桩基施工工艺及专用装备的研究，旨在为这一新兴领域提供全面、系统的技术指导和实践经验。

在概述部分，本书梳理了海上光伏产业从概念提出到逐渐发展壮大的历程，详细分析了全球海上光伏发展的现状和趋势。包括不同国家和地区海上光伏项目的建设规模、发展模式以及政策支持等方面，展示了海上光伏广阔的发展前景以及在全球能源转型中的重要战略地位。

海上光伏桩基施工环境研究部分深入剖析了海上施工所面临的各种环境因素。通过对海洋气象数据的收集与分析，研究风、浪、流等对施工的影响。同时，对近海不同区域的地质条件进行详细勘察和分类，探讨海水腐蚀性对桩基材料和结构的长期影响，为后续施工工艺和装备设计提供基础依据。

海上光伏桩基施工工艺研究是本书的核心内容之一。针对海上特殊环境，本书对现有的桩基施工工艺进行改进和创新。从桩基类型的选择、打桩方式、定位精度控制到施工顺序等方面进行了深入研究。通过理论分析、数值模拟和现场试验相结合的方法，优化施工工艺，提高施工效率和质量，确保桩基在复杂海洋环境下的稳定性和可靠性。

在海上光伏桩基施工装备研制方面，依托中广核烟台招远400MW海上光伏项目（HG30）这一国内首个实质性推进的海上光伏规模化开发在建项目，针对近海15m以内、水深3m以上的海上光伏项目特点，集中广核、中国电建西北勘测设计研究院有限公司、中电建（西安）港航船舶科技有限公司以及武汉理工大学等多方力量共同研发设计建造专用施工装备。本书详细介绍了装备的设计理念、结构组成、关键技术参数以及性能特点，使其能够满足海上光伏桩基施工的特殊要求。

在海上光伏桩基施工装备智能化系统研制部分，结合现代信息技术，将智能化理念引入施工装备中。通过传感器技术、自动控制技术、通信技术等，实现装备的自动化操作、实时监测和故障诊断，提高施工的精准度和安全性，降低人工操作的难度和风险。

本书凝聚了众多科研人员和工程技术人员的智慧和心血，是集体合作研究的成果。希望本书能够为海上光伏电站建设领域的工程技术人员、科研人员以及相关管理人员提供有价值的参考，推动海上光伏产业的健康、快速发展，为全球能源转型和可持续发展贡献一份力量。

作者

2024年11月

目录

第1章

概　　述

1.1 海上光伏发展概述

1.1.1 全球可再生能源与光伏发电的发展现状

在全球积极践行低碳目标的宏大背景之下，可再生能源正呈现出一派蓬勃兴盛的发展景象。依据国际能源署 2024 年发布的《可再生能源报告》所作预测，综合考量各国当下的政策导向以及市场环境状况，到 2030 年，全球累计新增的可再生能源装机容量将一举攀升至高达 5500GW 的规模，这也就意味着每年新增装机容量能够达到 940GW。与此同时，该报告还指出，到 2030 年，全球可再生能源装机容量极有可能超出目前各国既定发展目标总和的约 25%，如此规模足以充分满足全球电力需求的持续增长。诸多国家为切实保障能源安全并有效应对气候变化挑战，相继出台了一系列相关政策，这使得可再生能源在与传统化石燃料发电的激烈竞争中脱颖而出，强有力地推动了其装机容量的迅猛攀升。

尽管全球可再生能源的总装机容量正处于快速发展的进程之中，然而各类可再生能源之间却存在着发展不均衡的显著现象。其主要特征体现为太阳能与风能占据主导地位，水电增长速率保持稳定，而其他可再生能源则尚有待挖掘其潜在发展能力。在可再生能源领域，太阳能发电和风电无疑处于主导性的关键地位，两者的装机增量预计在可再生能源新增装机总量中所占比例将超过 95%。太阳能和风能之所以能够成为可再生能源发展进程中的核心力量，主要得益于其技术的相对成熟完善以及成本的持续降低态势。在技术层面，历经多年的深入发展，太阳能光伏技术与风电技术均已具备了大规模推广应用的基本条件；在成本方面，伴随产业规模的持续拓展以及技术的持续创新突破，太阳能和风能的发电成本呈现出逐年递减的趋势，其经济优势愈发显著突出。

全球水电装机容量的增长速度预估将会维持在较为稳定的水平。在诸如中国、东南亚地区以及非洲国家等水资源颇为丰富的区域，水电装机容量均展现出了良好的增长预期前景。水电作为一种发展历程相对较长且较为成熟的可再生能源，在这些地区的能源结构体系之中始终占据着重要的一席之地。其技术成熟度颇高，发电效率较为稳定，并且在防洪、灌溉等诸多方面还具备显著的综合效益，因而在水资源条件适宜的区域依然拥有较大的后续发展潜力空间。

生物能源、地热能、集中式太阳能发电以及海洋能源在当前的可再生能源中总体占比相对较小。不过，这些能源类型各自都蕴藏着独特的发展潜力，有望在未来的全球能源体系中逐步取得属于自身的重要地位。例如，部分国家已经开始高度重视生物能源在交通领域的应用实践，借助生物乙醇等具体形式来达成能源替代的目标；地热能在一些地质条件契合的地区被广泛应用于供暖和发电领域；对于集中式太阳能发电而言，随着储能技术的不断进步与发展，其稳定性方面所存在的问题将会逐步得到妥善解决；海洋能源的开发虽然当前尚处于起步探索阶段，但是波浪能、潮汐能等海洋能源形式却已然受到了越来越广泛的关注与重视。已有不少国家纷纷制定并出台了相应的支持政策，其核心目的在于大力推动这些可再生能源的全面发展。

近年来，全球光伏发电装机容量始终如一地保持着快速增长的强劲趋势。在2023年，全球太阳能光伏发电新增装机容量成功达到了375GW，总装机容量较上一年同比增长幅度高达31.8%。相关权威统计数据表明，2019—2023年，全球光伏发电装机容量的年平均增长率令人惊叹地高达28%。值得一提的是，在2023年，全球光伏发电装机容量已然超越了水电装机容量。按照当前的这种发展态势来推断，国际能源署预测到2030年时，光伏发电装机增量在全球可再生能源装机增量中所占的比例有望超过80%。这般迅猛的增长势头主要得益于全球对于清洁能源的急切需求以及光伏发电自身所具备的独特优势，这也使得光伏发电在全球能源市场中占据着愈发关键且重要的地位。

伴随技术的持续稳步推进以及产业规模的不断扩张拓展，光伏发电成本呈现出了持续下降的显著趋势。2010—2022年间，全球太阳能发电的平均加权成本实现了大幅降低，降幅高达89%，就目前的实际情况而言，其成本已经几乎比最为廉价的化石燃料还要低1/3。成本的显著降低极大地提升了光伏发电在全球范围内的市场竞争力，使得光伏发电不仅在能源转型的大趋势中更具强大吸引力，而且在一些特定地区已然成为了最为经济实惠的发电方式之一，进一步有力推动了其市场规模的持续扩大拓展。

光伏发电的应用领域正处于日益拓宽的良好发展进程中。除了传统的大型集中式光伏电站之外，分布式光伏也获得了极为广泛的应用推广，涵盖了光伏路灯、光伏交通信号灯等小型分布式设施，以及将光伏电站接入社区、工业区等场所的分布式能源供应系统。分布式光伏具备灵活性高、适应性强等显著特点，能够依据不同的实际需求以及地理条件进行合理布局规划，为广大用户提供更为灵活多变的能源供应模式，切实有效地提升能源利用效率，与此同时，还显著增强了能源供应的稳定性与可靠性。

在光伏发电这一特定领域中，技术进步的步伐始终未曾停歇。光伏电池的转换效率在持续不断地提高，当前处于实验室研发阶段的高效光伏电池已然取得了令人瞩目的重大突破。例如，部分新型光伏电池技术在转换效率方面已经逼近甚至超越了传统硅基光伏电池的极限水平，这些极具价值的技术成果有望在未来的一段时间内逐步应用到实际的生产环节中。与此同时，光伏产业链的各个环节，从硅料生产起始直至电池组件制造的全过程，均在持续不断地进行着技术创新实践。相关企业通过对生产工艺的持续改进优化、新型材料的研发应用等多种方式方法，切实提高了生产效率，有效降低了生产成本，并且显著提升了产品质量，从而进一步有力地推动了光伏发电行业的全面深入发展。

随着全球光伏发电市场的持续扩张拓展，国内外众多光伏企业纷纷加大在研发方面的投入力度，市场竞争态势愈发激烈。各企业为了能够在市场竞争中占据有利的优势地位，竞相推出更为高效、更为环保的光伏产品。一方面，那些传统的光伏行业巨头企业持续不断地巩固自身所拥有的技术优势，并大力拓展市场份额；另一方面，一些新兴企业凭借着创新型的技术以及独特的商业模式也迅速地投身到光伏行业的激烈竞争浪潮中。这种异常激烈的竞争态势在促使企业不断努力提升自身竞争力的同时，也将有力地推动整个行业进一步实现优胜劣汰，加速产业升级的进程步伐，促使光伏发电行业朝着更为高效、更具可持续性的方向稳健发展。

1.1.2 海上光伏的优势和发展现状

在“双碳”目标的强力引领下，我国光伏发电步入了意义非凡的黄金发展机遇期。据2024年全国能源工作会议信息，2024年度我国光伏新增装机容量预计会突破200GW，累计装机规模则有望超越810GW。在此进程中，新增开发规模如火箭般蹿升，勇创新高，新建项目已然全面达成平价上网的卓越目标，装备制造领域无论是规模扩张还是技术层级的攀升均呈现出持续向好的态势。光伏发电行业成本的显著下降，直接催生了极为可观的经济效益，众多光伏产业仿若春潮涌动下的春笋，竞相蓬勃生长。

然而，伴随我国陆上光伏应用范畴的持续拓展，传统地面光伏电站的发展模式渐 渐暴露出一系列棘手难题。其一，光照在地域层面的分布呈现出显著的不均衡特性，且在时间维度上具有间歇性，这与电力供应所必需的可靠性以及实际的电力需求之间形成了难以调和的天然矛盾。往往陆上光照充沛的区域皆处于远离用电消费者的偏远地带，如此一来，陆上光伏的布局便存在着消纳方面的不合理状况。其二，沿海地区面临着严峻的土地资源瓶颈限制，土地资源的匮乏致使光伏应用与农业、旅游业等其他产业频繁产生冲突与碰撞。其三，陆上局部地区的光伏发电消纳困境极为突出，弃光现象始终未能得到切实有效的化解，导致大量多余发电量无奈被舍弃，造成了资源的严重浪费。

相较而言，海上光伏则彰显出独特的优势，能够有效化解诸多难题。一方面，我国坐拥近18000km的漫长大陆海岸线，充分挖掘沿线资源以构建海上大型集中式光伏发电项目具备极高的可行性，如此便可极大地节省陆上愈发珍稀的土地资源。另一方面，我国东部沿海地区经济繁荣昌盛、人口密度颇高，海上光伏发电的崛起恰能为负荷中心持续攀升的电力需求呈上理想的应对之策。从陆地逐步延伸至水面，进而迈向更为广袤无垠、资源更为富足的海洋领域，光伏下海无疑是光伏产业演进历程中的必然趋向。海上光伏的优势主要呈现在以下几个维度：其一，海上光伏可充分利用辽阔的海洋空间，全然无须占用珍贵的土地资源，也不会遭受地形起伏与建筑遮挡的不良影响；其二，海水能够对光伏面板发挥冷却效能，加之水面对阳光的反射作用，能够显著提升光伏发电的效率与产出；其三，海上光伏与电力需求旺盛的东部沿海地区相距更近，这意味着输电过程中的损耗将大幅降低；其四，光伏平台的平面特质与发电特性，使其既能独立自主地开展发电作业，也能够与海上风电、波浪能、潮流能等其他海洋能源相互融合、协同发展，达成高效互补的综合性利用成效，进一步提升能源利用的整体效益与稳定性。

置身于碳达峰、碳中和的宏大时代背景之下，以海上光伏为突出代表的新能源产业在未来的战略版图中占据着举足轻重的地位，海上光伏产业链已然紧紧握住了重大的发展契机。鉴于光伏面板的生产已然构筑起一条高度成熟且完备的产业链条，故而预计海上光伏产业的发展速度将会超越海上风电产业，在新能源领域绽放更为耀眼的光芒，为我国能源结构的深度优化与可持续发展注入磅礴动力，开启全新的篇章。

按照理论计算，我国 1.8 万 km 大陆海岸线可安装海上光伏的海域面积约为 71 万 km^2，按照 1/1000 理论研究比例估算，可安装海上光伏的面积约 $700km^2$，海上光伏装机规模超过 70GW，依此估算沿海各省（自治区、直辖市）海上和滩涂光伏装机规模，见表 1.1。

表 1.1　　沿海各省（自治区、直辖市）海上和滩涂估算装机规模

省（自治区、直辖市）	大陆海岸线长度 /km	桩基固定式海上光伏装机规模 /万 kW	沿海滩涂面积 /万亩	滩涂光伏装机规模 /万 kW
辽宁	2178.3	3200	207.08	1160
河北	487.3	700	94.49	530
天津	133.4	200	25.17	140
山东	3124.4	4700	300.59	1680
江苏	1039.7	1550	575.87	3220
上海	167.8	250	46.22	250

续表

省（自治区、直辖市）	大陆海岸线长度/km	桩基固定式海上光伏装机规模/万 kW	沿海滩涂面积/万亩	滩涂光伏装机规模/万 kW
浙江	2253.7	3400	231.38	1300
福建	3023.6	4500	261.86	1460
广东	4314.1	6500	223.54	1250
广西	1478.2	2200	158.73	890
海南			143.57	800
全国总计	18200.5	27200.00	2268.5	12680

据相关资料统计，2023年海上光伏市场规模123.6亿元，预计到2029年将达到213.6亿元。2024年1月，自然资源部发布《关于统计海上光伏项目用海管理情况的通知》，暂停受理海上光伏项目用海申请或审批海上光伏项目用海市场化出让方案，一定程度上影响了2024年海上光伏项目的推进及市场规模的增长。

值得注意的是，在已开工建设的项目中，国家能源集团国华投资山东垦利100万千瓦海上光伏项目（HG14）已于2024年11月13日首批光伏发电单元成功并网，是我国首个最先完工的百万千瓦级海上光伏项目。项目全部并网后，预计年发电量17.8亿kWh，大约能满足267万普通城镇居民一年的用电量，有效节约标准煤50.38万t，减少二氧化碳排放134.47万t。项目采用“渔光一体”开发方式，将实现渔业养殖与光伏发电的立体综合开发利用，预计渔业养殖的年收益将超过2700万元，进一步提升海域综合利用价值。作为我国首个百万千瓦级海上光伏项目，其成功并网为我国乃至世界海上光伏产业规模化发展起到了引领和示范作用。

1.1.3 海上光伏的政策支持

在“双碳”目标指引下，光伏装机规模已经在短期内实现快速提升。但面对中长期发展，必须考虑新能源开发过程中的土地空间和新能源供给消纳等问题。从2021年开始从中央和地方有关部门陆续出台了一系列海上光伏相关政策。从项目开发建设上看，海上光伏已从浙江起步，并逐渐在山东、江苏、河北和福建等多个沿海省份展开。海上光伏有望成为继大型风光基地和分布式光伏之外新的规模化应用市场。沿海省份是我国经济最发达和最活跃地区，在当前碳关税实施背景下“绿电”需求更加迫切，但本地新能源资源禀赋差，完成可再生能源电力消纳责任权重考核压力大。海上光伏距离电力负荷中心近，消纳空间足，将助力沿海省份能源结构转型。

海上光伏作为新兴的清洁能源产业，近年来受到中央和各地方政府的高度关注和支持。中央和地方政府通过发布一系列鼓励政策，为海上光伏产业的发展提供了有力的支持和保障。这些政策不仅有助于推动海上光伏项目的开发建设，还将促进光伏产业链的完善和发展，为实现清洁能源转型和碳中和目标作出积极贡献。

从国家层面上讲，支持政策如下：

2021年10月24日，全国第十三届人大四次会议政府工作报告指出："扎实做好碳达峰、碳中和各项工作，制定2030年前碳排放达峰行动方案，优化产业结构和能源结构，推动煤炭清洁高效利用，大力发展新能源"，为新能源发展提供了政策支持。

2022年3月22日，国家发展改革委、国家能源局联合印发《"十四五"现代能源体系规划》（发改能源〔2022〕210号），明确"大力发展非化石能源，积极发展太阳能热发电，因地制宜建设天然气调峰电站和发展储热型太阳能热发电，推动气电、太阳能热发电与风电、光伏发电融合发展、联合运行"。

2022年10月，国家能源局印发《能源碳达峰碳中和标准化提升行动计划》，提出依托大型风电光伏基地建设及海上风电基地、海上光伏项目建设，设立标准化示范工程，充分发挥国家新能源实证实验平台的作用，抓紧补充完善一批标准，形成完善的风电光伏技术标准体系。

2023年3月，自然资源部、国家林业和草原局办公室以及国家能源局综合司联合发布《关于支持光伏发电产业发展规范用地管理有关工作的通知》（自然资办发〔2023〕12号），旨在鼓励利用未利用地和存量建设用地来发展光伏发电产业。这一政策为海上光伏项目提供了土地政策上的支持，有助于解决项目用地问题。

2023年4月，国家能源局发布的《2023年能源工作指导意见》中明确提出要谋划启动海上光伏建设。这一政策释放了积极的引导信号，为海上光伏项目的开发建设提供了方向。

2023年10月，国家能源局发布《关于组织开展可再生能源发展试点示范的通知》（国能发新能〔2023〕60号），鼓励开展海上光伏试点，以形成可复制、可推广的海上光伏开发模式。这一政策有助于推动海上光伏技术的创新和应用。

2023年11月，自然资源部发布《关于探索推进海域立体分层设权工作的通知》（自然资规〔2023〕8号），鼓励对海上光伏等用海进行立体设权。

2024年1月，自然资源部发布《关于统计海上光伏项目用海管理情况的通知》，进一步规范了用海管理，促进海上光伏产业健康发展。

综上所述，"双碳"战略实施以来，光伏风电装机快速增长，在常规火电调峰能力不足的情况下，光伏风电发展成为必然趋势。因此低成本、高效、高精度的海上光伏施工装备的必要性更加明显，其对于沿海地区的电力负荷中心和电力消耗较大的地区保障工业生产稳定、降低用电费用具有积极意义。

海上光伏装机市场空间很大，截至2022年5月我国确权海上光伏用海项目共28个，累计确权面积（构筑物、填海造地、专用航道、锚地及其他开放式通道、海底电缆通道）共1658.33hm^2。其中浙江省确权面积最大，为770.89hm^2，其次是江苏省，确权面积为473.27hm^2，山东省188.37hm^2，广东省133.85hm^2，辽宁省91.95hm^2；已确权的28个海上光伏项目中，江苏18个，山东4个，浙江3个，辽宁2个，广东1个，其他沿海地区没有，如图1.1所示。沿海各省海上和滩涂光伏估算装机规模见表1.1。

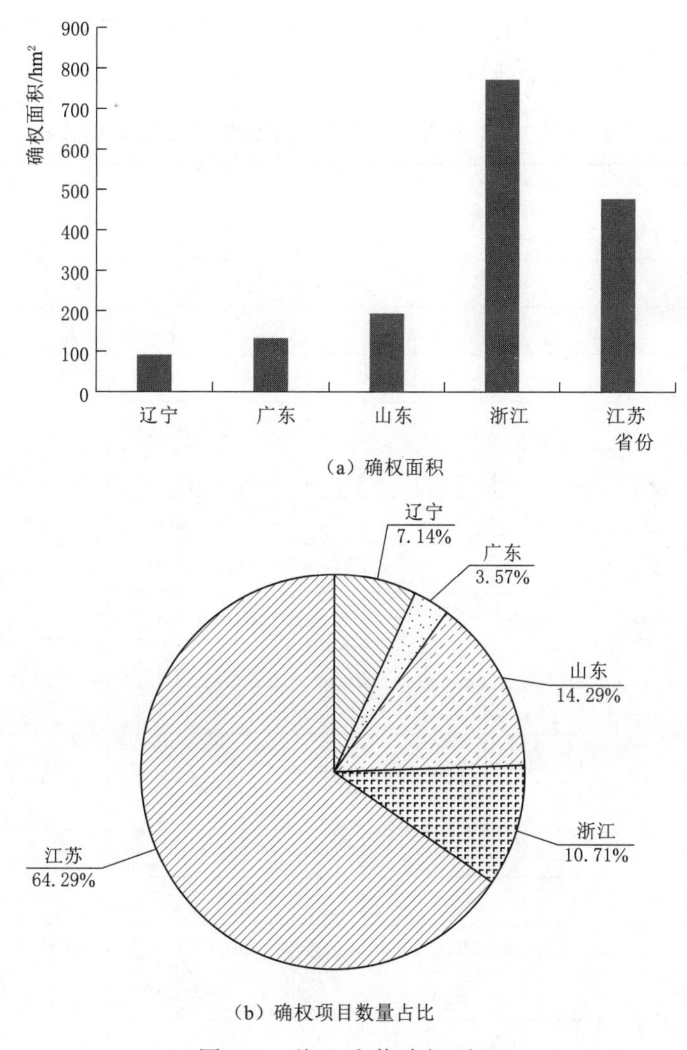

（a）确权面积

（b）确权项目数量占比

图1.1　海上光伏确权项目

从地方层面上讲，海上光伏被纳入山东、江苏、浙江、河北、福建、广东等省份的新能源项目建设规划中。据不完全统计，仅山东和江苏两个省份明确合计规划近24GW的容量。

2022年7月，江苏省在《江苏省“十四五”可再生能源发展专项规划》中提出，稳步有序开展海上光伏建设，有效提高海域资源利用效益。此后，在该文件的基础上，2023年5月，江苏省印发《江苏省海上光伏开发建设实施方案（2023—2027年）》，文件指出，到2025年，全省海上光伏累计并网规模力争达到500万kW左右，到2027年，建成千万千瓦级海上光伏基地，全省海上光伏累计并网规模达到1000万kW左右，沿海新型电力系统初步构建。同时，文件要求推动海上光伏规模化发展、立体式开发，全力打造沿海地区千万千瓦级海上光伏基地，按照实施方案要求，计划重点开展43个固定桩基式海上光伏项目场址建设工作，用海面积约134.6km²，装机容量1265万kW，详见表1.2。

表1.2　2023年江苏省43个固定桩基式海上光伏项目情况汇总表

项目所在地	场址编号	用海面积/km²	项目容量/万kW
合计	（43个）	134.6	1265
一、南通市	—	39.1	385
如东县	R1	2	20
	R2	0.9	5
	R3	3	30
	R4	3.9	40
	R5-1	4	40
	R5-2	6.2	60
启东市	Q1	3.8	40
	Q2	3.1	30
	Q3	3	30
	Q4	4.1	40
	Q5	5.1	50
二、连云港市	—	44.1	430
连云区	L1-1	2.1	20
	L1-2	5.6	55
	L1-3	2.2	20
	L1-4	5.2	50

续表

项目所在地	场址编号	用海面积/km²	项目容量/万 kW
连云区	L1-5	5.7	55
	L2	3.0	30
	L3	3.0	30
	L4	5.0	50
	L5	4.1	40
	L6	4.0	40
灌云县	G1	4.1	40
三、盐城市		51.4	450
响水县	X1	1.0	10
	X2	4.3	40
	X3	3.6	30
滨海县	B1	2.2	20
	B2	2.2	20
	B3	2.2	20
	B4	3.3	30
	B5	1.9	15
	B6	2.1	20
	B7	1.6	15
射阳县	S1	2.1	20
	S2	2.3	20
	S3	2.2	20
	S4	2.8	25
大丰区	DF1	3.1	25
	DF2	2.2	20
东台市	D1	1.6	15
	D2	4.5	30
	D3	2.9	25
	D4	1.6	15
	D5	1.7	15

2023年7月，江苏省发展改革委印发《沿海地区新型储能项目发展实施方案（2023—2027年）》，该方案提出立足现有资源禀赋，统筹生态环境保护和可再生能源发展，科学有序规划布局，动态评估海上光伏建设成效，推动海上光伏可持续发展。方案目标明确，到2025年，确保沿海地区新增500万kW海上风电和500万kW海上光伏并网消纳；到2027年，确保沿海地区海上风电和海上光伏两个千万千瓦级基地并网消纳。

上述三份文件成为江苏省探索海上光伏发展的政策托底。

山东在发展海上光伏方面具有得天独厚的优势，主要原因为：①山东省海岸线长度在全国各省（自治区、直辖市）中排名第三位，约占全国海岸线总长度的1/6；②从地形来看，渤海、黄海海岸高差较小，大陆架比较平缓，可开发的沿海滩涂面积更广。因此，山东在鼓励海上光伏的开发和建设方面最为积极，近年来连续发布多项文件推动海上风光开发。2021年12月，山东省海洋局发布了《关于推进光伏发电海域使用立体确权的指导意见（征求意见稿）》，鼓励各市因地制宜探索利用已确权的养殖用海、盐田用海区域，科学布局光伏发电项目。2022年5月12日，山东省发布了《山东省2022年度桩基固定式海上光伏项目竞争配置文件》，文件显示山东省2022年度桩基固定式海上光伏项目包括10个海上光伏场址，总装机规模高达11.25GW，总投资约675亿元，正式打响全国海上光伏“第一枪”，这也标志着山东海上光伏建设已正式启动，详见表1.3。

表1.3　2022年山东10个海上光伏项目基本情况

项目名称	所在区域	水深/m	装机容量/万kW	计划开工装机容量/kW			计划并网装机容量/kW			
				2022年	2023年	2024年	2022年	2023年	2024年	2025年
HG1	滨州无棣	4～5	85	40	45	—	—	40	45	—
HG14	东营垦利	1～4	100	50	50	—	50	50	—	—
HG15	东营东营	2～5	70	—	70	—	—	40	30	—
HG16	潍坊寒亭、寿光	2～6	105	—	50	55	—	50	55	—
HG21	烟台莱州	1～4	100	50	50	—	—	50	50	—
HG30	烟台招远	7～8	40	40	—	—	40	—	—	—
HG32	威海文登	4～7	200	50	50	100	—	50	50	100
HG34	烟台海阳	4～8	270	50	100	120	—	50	100	120
HG37	青岛即墨	0～5	115	60	55	—	60	55	—	—
HG38	青岛黄岛	0～5	40	40	—	—	40	—	—	—
合计			1125	380	470	275	190	385	330	220

2022年6月，山东省发布《山东省海上光伏建设工程行动方案》，明确了统筹推进海上光伏规模化、集约化、协同化发展，打造双千万千瓦级海上光伏基地的目标和任务。一是打造“环渤海”千万千瓦级海上光伏基地，布局海上光伏场址31个，总装机规模1930万kW。其中，光伏场址20个，装机规模1410万kW；“风光同场”场址11个，装机规模520万kW。二是打造“沿黄海”千万千瓦级海上光伏基地，布局海上光伏场址26个，总装机规模2270万kW。其中，光伏场址9个，装机规模950万kW；“风光同场”场址17个，装机规模1320万kW。三是加快推动桩基固定式海上光伏开发建设。以“环渤海”“沿黄海”浅海海域为重点，采用渔光互补、多能互补等模式，加快桩基固定式海上光伏项目开发建设。四是鼓励新能源开发企业与渔业养殖企业采用投资入股、海域使用金共担等方式合作，推动海上光伏工程与渔业养殖、海洋牧场等一体化设计建设运营。五是积极推动海上光伏集中连片开发，形成基地化、规模化开发格局，促进降本增效。2022年，重点启动东营、烟台、威海、青岛等海域项目，开工建设300万kW以上，建成并网150万kW左右；到2025年，累计开工建设1300万kW左右，建成并网1100万kW左右。2023年5月，山东省能源局印发的《山东省电力发展“十四五”规划》提到，布局“环渤海”“沿黄海”两大千万kW级海上光伏基地，“环渤海”海上光伏基地装机规模1930万kW，“沿黄海”海上光伏基地装机规模2270万kW，推动海上光伏重大技术攻关和设备研发。2023年9月，山东省人民政府印发《关于支持建设绿色低碳高质量发展先行区三年行动计划（2023—2025年）的财政政策措施》，支持大力发展可再生能源，构建清洁低碳高效安全能源体系，对海上光伏项目予以财政补贴。2023年12月，山东省人民政府发布《关于印发2024年“促进经济巩固向好、加快绿色低碳高质量发展”政策清单（第一批）的通知》，降低海上光伏项目的整体造价。

现阶段，海上光伏面临很多难题，在安装技术、项目降本、后期运维等方面尚未形成成熟的解决方案。以海上光伏建设环节为例，桩基固定式光伏电站和漂浮式光伏电站是常用的两种方案，目前这两种安装技术都处在实证阶段。国内桩基式海上光伏已有烟台海阳HG34海上光伏项目和威海文登HG32海上光伏项目两个实证项目，并已成功离网发电。本书对这两个实证项目进行运行期间的跟踪调研，开展了环境、应力、振动、倾斜等10余项在役监测，收集分析了实证区域风速、光照、水位、结构受力和位移等关键数据，积累了桩基固定式海上光伏建设经验。

由于海上光伏项目的工程建设条件比较恶劣，工程建设成本比较高，因此，降本增效是海上光伏目前最大的瓶颈。桩基施工是桩基固定式海上光伏项目建设中成本高、安全风险大、施工周期长的关键工序。由于没有专用施工装备，大部分施工单位拟采用海上风电安装船、传统打桩船或平板船改装成打桩船施工，在潮差较大的近海区域功能受到限制；大型海工装备的运行成本高，用来施工小直径（直径小于1m）的光伏管桩经济效益差，项目投资收益率达不到预期。现有打桩船在海况良好的状态下施工效率能达到20根/d，但海上光伏项目的桩基础动辄数万根，这种施工效率难以满足工期需求。综上所述，现有施工装备在技术、经济性上均不能满足海上光伏高密度、小直径、大规模桩群施工的需求，亟须研发一款切实可行的海上光伏桩基专用施工装备。

1.2　海上桩基施工设备研究现状

随着对能源资源需求的不断增长以及陆地资源的逐步紧缺，人类活动不断向海洋延伸，世界各国纷纷把海洋作为获取能源资源和发展经济的重要方向，通过海洋油气开发、海上光伏风电开发、港口码头建设、跨海大桥建设等发展向海经济。经略海洋，装备当先。伴随着海洋工程建设快速发展，作为船舶领域的小众船型，打桩船也进入了人们的视野。打桩船作为海上各类桩基项目工程必须使用到的海工装备，它的性能直接关系到施工质量，因而各国研究者对它的船型设计、桩架形状选择优化和工作甲板的合理布局等均进行深入研究，取得了很好的成果，且还有较大探索空间。

1.2.1　国外研究现状

海洋工程设施兴起于欧洲，早期海洋工程的桩基工程一般通过大型起重船（浮吊）或自升式起重安装船进行施工。大型起重船（浮吊）不限航区，不受水深影响，多为自主航行，转移速度快，操纵性好，如荷兰公司 Seaway Heavy Lifting 的“HLV Stanislav Yudin”和“Oleg Strashnov”重吊船。典型起重船“Oleg Strashnov”的主钩最大起重为10000t，起升高度为100m，能执行大型千斤顶双钩倒置、重型甲板安装和打桩作业等任务。自升式起重安装船通过安装配套的液压打桩锤，可兼具远海打桩作业功能，主要用于海洋石油钻井平台和海洋风电承台的打桩作业。自升式起重安装船包括自升桩腿固定式和座底式两种类型，兼具浮吊及平台的特点，在海洋工程基础打桩作业中扮演了重要角色。典型自升式起重安装船“SEAJACK”船长91.2m、型宽33m，分别仅为典型起重船（浮吊）“Oleg Strashnov”的0.498倍和0.702倍，可进行局限作业；其起重高度122m，最大起重1300t，可以满足海上风电基础桩的打桩需求。20世纪80年代以前，全球打桩船建造基本由欧洲、美国和日本等国家和地区主导。美国ToddSY、荷兰Rotterdam Droogdok等均建造了数量较为可观的打桩船，见表1.4。

表 1.4　　国外打桩船主要建造船厂业绩情况

序号	建 造 船 厂	所属国家	艘数	份额/%
1	ToddSY	美国	6	2.3
2	Rotterdam Droogdok	荷兰	5	1.9
3	ElefsisShipyards	希腊	4	1.5
4	KanreiZosenKK	日本	3	1.1
5	F. E. -LevingstonSB	新加坡	3	1.1
6	SevastopolShipyard	乌克兰	3	1.1
7	Jeffboat	美国	2	0.8
8	MitsuiSBFujinagata	日本	2	0.8
9	Blohm&Voss	德国	2	0.8
10	Mitsubishi Heavy Industries Nagasaki Shipyard	日本	2	0.8
11	HowaldtswerkeWerft	德国	2	0.8
12	KanreiZosen	日本	2	0.8
13	RavesteinBV	荷兰	2	0.8
14	Dibai Shipyard	阿联酋	2	0.8
15	LevingstonSB	美国	2	0.8

然而，由于施工作业环境复杂，起重船（浮吊）或自升式起重安装船受天气和波浪等海况条件影响较为明显，还存在性价比低、打桩作业施工周期无法保障等缺点，且随着海洋工程作业类型不断增多，作业海域条件的多样化、复杂化，传统大型起重船（浮吊）或自升式起重安装船无法满足日益发展的海上工程需求。

1.2.2 国内研究现状及趋势

目前，国内外尚无专业从事海上光伏桩基施工的设备，可借鉴的施工设备主要为内河湖泊桩基施工设备、港口工程桩基施工设备和海上风电桩基施工设备，对应的施工装备总结如下：

(1) 内河湖泊桩基施工设备。内河湖泊桩基施工设备有浮箱平台配常规桩基施工设备和小型打桩船两类，造价低、配置灵活，可根据实际需要选配不同规格的打桩锤，适用于 PHC 管桩、钢桩、木桩等桩基施工。但由于内河渔光互补项目大多建设在遮蔽的不通航区域，小型打桩船和简易浮箱平台在海上并不适用。

(2) 港口工程桩基施工设备。港口工程桩基需要施工装备具备倾斜打桩功能,一般会把桩架、桅杆和动力系统置于旋转机构上,打桩机构本体灵活性高。倾斜油缸的设计虽然拓展了打斜桩的功能,但也限制了打桩机的臂展范围,在超过油缸行程的区间,在施工效率上达不到光伏电站建设工期要求。

(3) 海上风电桩基施工设备。海上风电场地一般离岸较远,可以选择的桩基施工设备有坐滩式打桩船、半潜驳船、自升式平台等。这类桩基施工船舶主尺度较大,但由于船舶吃水深,成本高,打桩效率低,在海上光伏项目中经济适用性不足。

通过以上总结可知,打桩船是内河湖泊桩基施工、港口工程桩基施工和海上风电桩基施工最主要的施工设备。

在20世纪70年代中期,我国打桩船的研究力量十分薄弱,没有独立研发和生产的能力,海上工程项目所用的打桩船必须从国外进口,因此,始终无法掌握海上打桩船的核心研发技术以及制造技术。21世纪以来,我国加大了对海上资源的发展力度,海上各类工程项目不断增加,大量海上风电场、跨海大桥工程和海岸港口码头等海洋工程建设已由近海岸浅水区到外海深水区不断延伸,海洋工程基础桩径和桩深不断扩大,比如海上石油、天然气的开发,港珠澳大桥的建设,锦州港港口码头的建设等,打桩船的技术研究也随着项目的需求不断进步。海洋工程基础基建对打桩船提出了向大型化、多功能方面发展的迫切需求。超大型专用打桩船成为海洋工程建设中不可或缺的重要装备之一。自2003年我国首艘自主研发的桩架高90m的大型打桩船投入使用以来,国内打桩船经过多年的技术积累,多家公司陆续研发制造了多种不同高度的大型打桩船。2014年,上海雄程船舶工程有限公司(简称上海雄程)建设了一艘超大型打桩船。此打桩船在当年7月交付,是当时高度最高、打桩能力最强的大型海上打桩船。2020年中交第三航务工程局有限公司(简称中交三航局)研发的“三航桩20号”为当时最高的打桩船。2022年,我国再添“一航津桩”,为世界首艘140m级打桩船。国内大型专用打桩船的各项参数见表1.5。

表1.5　国内大型专用打桩船参数

建成时间	船名	桩架高度/m	最大桩径/m	最大桩重/t	所属单位
2003年	三航桩15号	95.0	3.0	120	中交三航局
2003年	三航桩16号	95.0	3.0	120	中交三航局
2003年	海力801号	95.0	3.0	120	中交二航局
2004年	一航桩18号	93.8	3.0	120	中交一航局

续表

建成时间	船名	桩架高度/m	最大桩径/m	最大桩重/t	所属单位
2005年	粤工桩8号	93.5	3.0	120	中交四航局
2007年	浙桩8号	93.5/105.0	3.0	140	宁波交通工程建设
2008年	航工桩168号	93.5/108.0	3.5	140	舟山海晟
2009年	海威951号	95.0/105.0	3.0	120	中铁大桥局
2009年	三航桩18号	93.5/108.0	3.0	140	中交三航局
2009年	三航桩19号	95.0	3.0	140	中交三航局
2012年	葛五港工5号	93.0	3.0	120	葛洲坝集团
2012年	长大海基号	100.0	3.4	150	广东长大
2014年	铁建桩01号	108.0	3.5	200	中铁建港航局
2014年	雄程1号	128.0	5.0	450	上海雄程
2015年	中建桩7号	100.0/110.0	3.5	170	中建港航局
2016年	海虹6号	93.5/105.0	3.5	140	东海华庆
2017年	雄程2号	118.0	6.0	500	上海雄程
2020年	三航桩20号	130.0	5.0	450	中交三航局
2020年	雄程3号	130.0	7.0	600	上海雄程
2022年	一航津桩号	142.0	6.0	700	中交一航局

注 显示2个数据的桩架高度代表该船建成后桩架经过改造加高。

随着对打桩船研究的深入，我国打桩船的制造技术不断突破，打破了欧洲、美国及日本对超大型专用打桩船建造技术的垄断，在经济效益上已处于世界领先地位，但在打桩船对抗恶劣环境的能力上还有很大的进步空间。未来我国打桩船装备呈现明显的发展趋势为：①高度专业化是关键方向，以满足不同特殊工程需求，我国将研发更为专业化，适用于特定场景的打桩船型号；②综合性能将得到提升，技术创新推动国内打桩船装备朝着更高效、更低消耗、更可靠的方向发展，以提高整体性能；③装备智能化将得到加强，数字化和网络化技术的应用将使未来打桩船在施工中实现自动化和远程控制，从而提高施工精度，降低人员操作风险；④经济环保将成为发展的重要考量，未来国内打桩船装备将在经济性和环保性方面取得平衡，以减少海洋工程对生态环境的影响。

当前情况表明，国内外海上光伏桩基施工设备领域尚未形成，这一状况受到多重因素的制约。其中，光伏桩基数量的大幅增加、施工周期短、有限的时间窗口以及施工费用等因素均对海上光伏桩基施工设备的发展产生重要影响。适用于海上风电场、跨海大桥工程和海岸港口码头等海洋工程桩基施工的大型打桩船船体尺寸大，适用于桩基直径大、单桩重量大、长度尺寸大、单桩桩基施工精度要求不严格（与海上光伏群桩相比）的情景，但不适应高密度、小间距、大规模海上光伏群桩的桩基施工需求。因此，当前的技术和装备并不能满足海上光伏施工的特殊要求，突显出这一领域中存在着明显缺口。

1.3 研究内容

本书旨在研发一套能够在近海进行光伏施工的成套工艺及配套装备进行预制桩打桩作业、光伏组件安装作业，解决波浪、潮汐、淤泥质地层影响下的近海海面大规模光伏电站施工难题。主要研究内容如下：

1. 海上光伏桩基施工环境研究

根据已建的浙江龙港滩涂光伏、浙江象山光伏及江苏连云港滩涂光伏施工场域环境调研，结合山东省烟台招远市海上光伏项目区域的施工环境进行研究，形成完整的适合近海光伏施工的环境研究资料。

2. 海上光伏桩基施工工艺设计

基于对近海施工环境的研究，结合常规打桩、海上打桩、渔光互补等打桩作业方式，研究出一套切实可行的近海光伏桩基施工工艺设计。分析打桩设备在近海海面打桩的适用性和可靠性，研究并制定打桩施工准备、施工作业条件、操作工艺、质量标准、成品保护、安全措施、施工注意事项等流程。

3. 海上光伏桩基施工装备与系统研制

基于研究内容1. 和2. 的研究结果，在成套施工工艺的基础上，对近海光伏桩基施工智能设备进行重点研究，设计、建造匹配的高效设备，包括近海打桩设备、其他工艺辅助设备等。

对海上光伏桩基施工智能装备打桩设备的各项参数和系统性能进行研究分析和计算，确定打桩系统的桩架高度、最大起重能力、主副钩起钩能力、桩架起重作业范围、桩架打桩作业范围、最大作业桩重、最大沉桩能力、最大作业桩径、倒桩方式等各项性能参数，设计绘制海上打桩设备二维图纸和三维模型。

4. 海上光伏桩基施工装备智能化系统研制

基于海上光伏桩基施工装备的使命任务及智能化需求，充分运用计算机网络、数据库、现代通信、多媒体等技术，贯彻集成高效的设计理念，实现船舶管理、打桩定位、视频监控、安全检测、机舱动态检测和能效管理等功能。为保障本设备任务使命的顺利达成，对数据中心完善、智能化程度高、通信功能强大的智能化系统进行研究分析，开发船舶管理软件、打桩定位软件、视频监控软件、安全检测软件、机舱动态检测软件和能效管理软件等。

依据上述研究内容制定海上光伏桩基施工装备研制及应用技术路线，具体如图1.2所示。

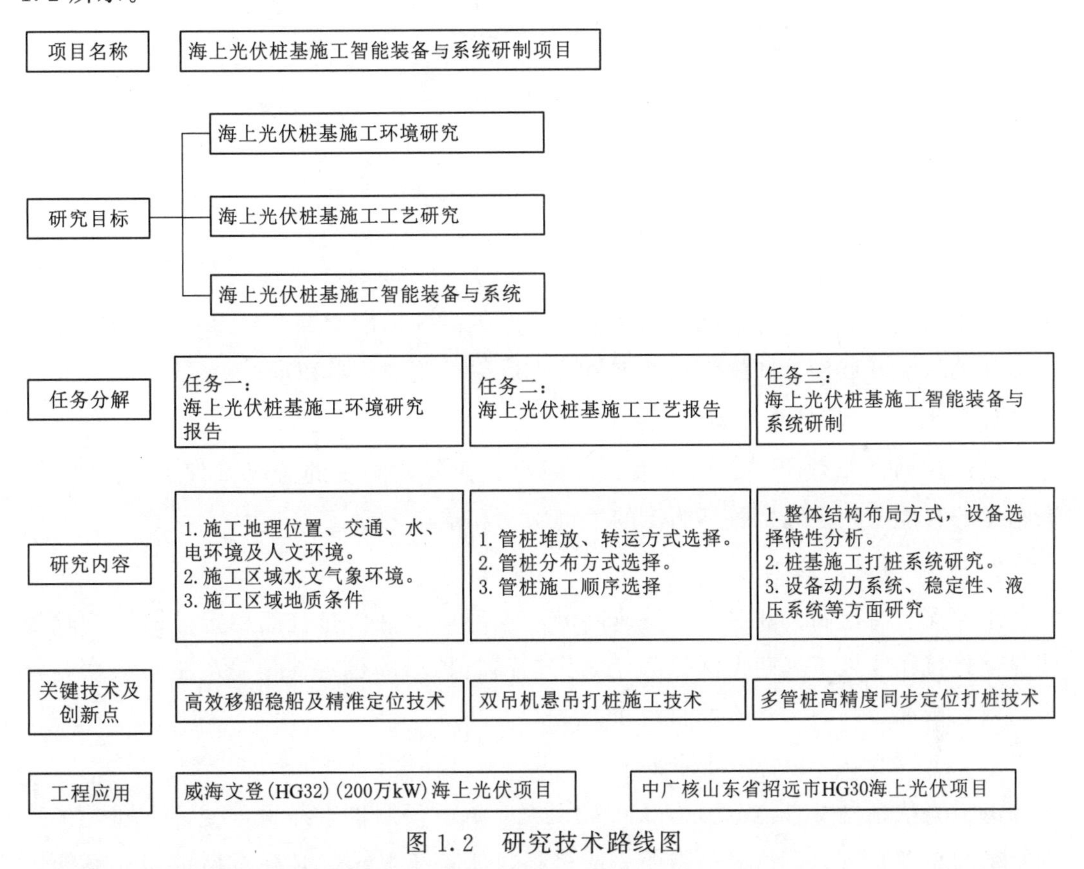

图1.2　研究技术路线图

1.4　研制关键问题和难点

通过对我国海上光伏电站拟建设海域的海上作业窗口期进行调研、统计和分析可知，大部分海域的全年海上作业窗口期为6～7个月，施工期较短。桩基固定式海上光伏建设呈现高密度、规模化桩群施工的特征，但海洋环境的水深、海浪、潮差、风速等指标又直接影响桩基的定位精度和垂直度，进而影响施工效率。另外，海上光伏项目的开发、建设尚无实体工程经验，能参考的装备是内河渔光互补机械、水陆两栖机械、海上起重船、海上打桩船等设备，而从技术、经济、安全等方面考虑，现有设备均不能满足海上光伏的施工需求，海上光伏项目在施工工艺及装备方面均属于空白期。对海上光伏桩基施工存在的难点和痛点进行总结，如图1.3所示。

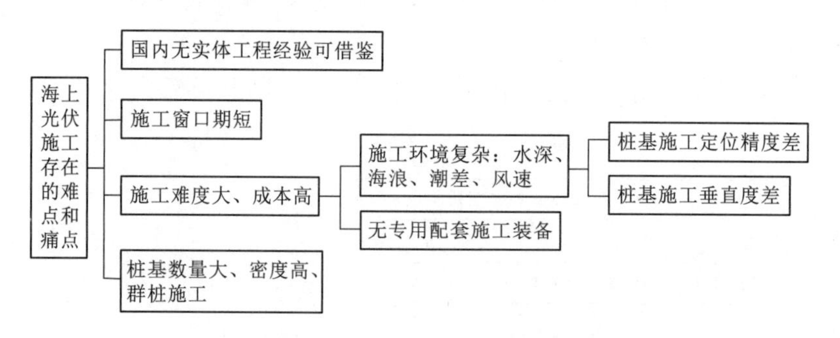

图1.3 海上光伏桩基施工存在的痛点和难点

综上所述，为了成功研制海上光伏桩基高效施工装备，必须基于桩基固定式海上光伏高密度、规模化桩群施工的特征，针对近海环境的水深深、海浪高、潮差大、风速高的特点开展设计和施工技术创新，克服以下关键技术和难点：

1. 高效率、高精度移船工艺

光伏阵列桩基数量多、密度大、间距小，在复杂多变的海况条件下，高效率、高精度的移船工艺是光伏桩基施工的关键问题和难点之一。

2. 船舶高稳定性工艺

水深深、海浪高、潮差大、风速高的海上环境对光伏打桩船稳定性的影响较为明显，打桩作业施工周期无法保障，如何提高打桩船的稳定性是提高施工效率、降本增效、按期履约的又一关键问题和难点。

3. 打桩船作业部件的创新设计

海上光伏预制桩直径范围为0.6～1.2m，单一预制桩直径也可变，不同光伏阵列桩基间距差别较大，每船位需要完成多根桩基施工需求，必须对抱桩器和舷侧工装等作业部件进行创新设计。

4. 高精度打桩定位系统设计

光伏桩的定位分为打桩船的粗定位和预制桩的精定位两部分。北斗定位系统实现船舶粗定位，打桩定位软件和舷侧定位工装实现精定位。实现多根桩基精准定位和喂桩，克服传统打桩船该工序用时最长、精度影响最大的缺点，是本装备成功研制的关键问题和难点。

5. 打桩船高效施工技术

传统打桩船仅靠单吊机或桩架打桩，在攻克上述四个关键问题和难点的基础上，实现光伏桩基高效施工也是本装备成功研制的关键问题和难点。装备研制过程需解决的关键问题和难点如图 1.4 所示。

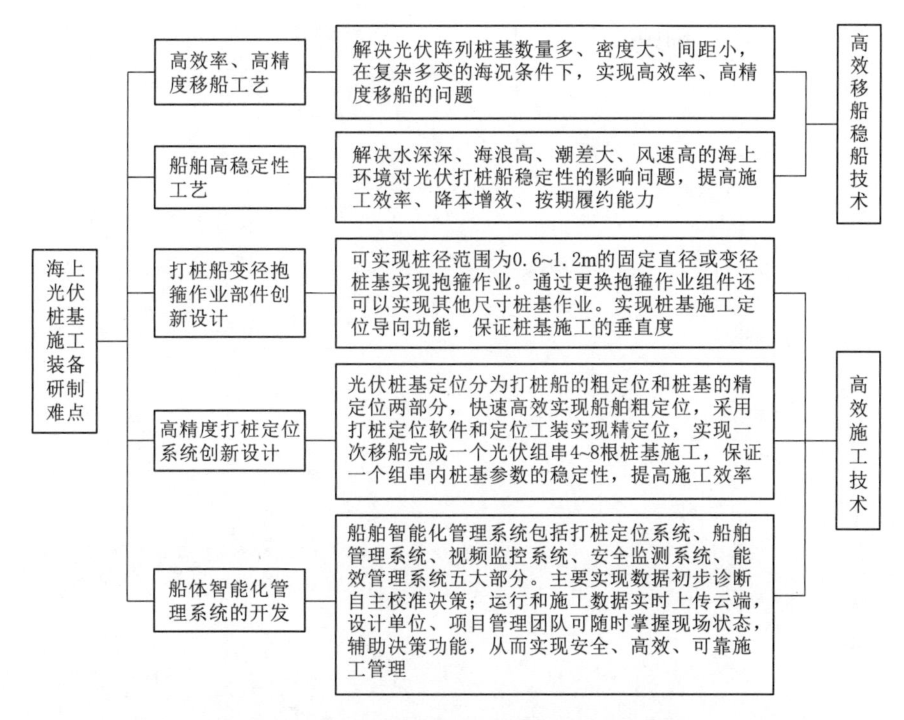

图 1.4 装备研制关键问题和难点汇总图

第 2 章

海上光伏桩基施工环境研究

本书以中广核烟台招远 400MW 海上光伏项目（HG30）为例进行海上光伏桩基施工环境研究。中广核烟台招远 400MW 海上光伏项目（HG30）位于招远市境内北部的莱州湾海域，总规划面积约 6.44km²，场址距海岸边最近距离约 2.0km，最远距离约 6.2km，场址区水深 8.5～11m。工程地理位置示意图如图 2.1 所示。

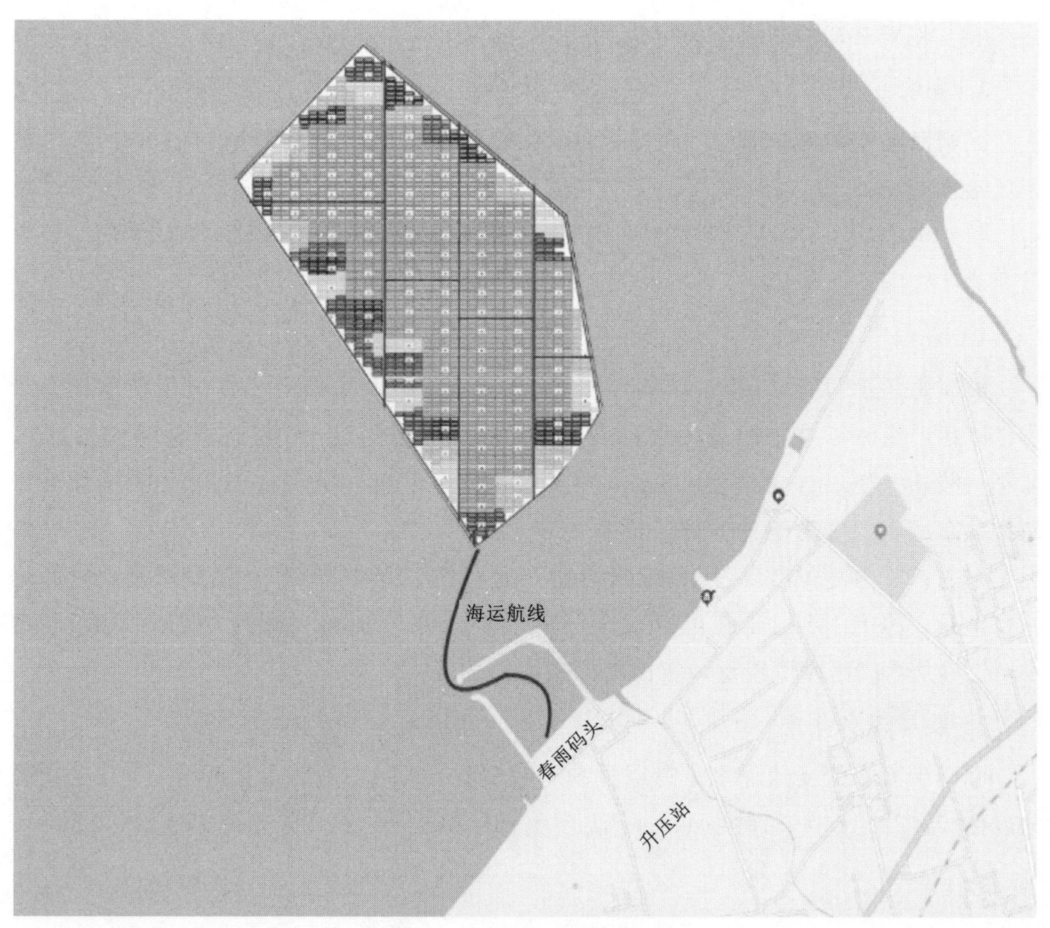

图 2.1 工程地理位置示意图

2.1 海洋环境

2.1.1 海洋水文

1. 潮汐

招远海域潮汐性质属不规则半日混合潮，潮汐形态数为 0.92。累年平均潮差为

0.91m。最大潮差为2.87m，最小潮差为0.03m。最高潮位为3.40m，出现在1972年7月27日；最低潮位为－1.23m，出现在1972年4月1日。

2. 潮流

在龙口港水泥墩附近涨潮流向为北向，流速为0.5kn；落潮流向为南西，流速为0.5kn。外港界以西海域涨潮流向为东南—东，落潮流向为北—北西，流速均为0.25kn。屺姆岛端部潮流流速可达3kn。

3. 波浪

屺姆岛西端海域以风浪为主，频率为97%～99%，涌浪频率一般为40%。最多风浪向为北北东，频率为20%左右，最多涌浪向也为北北东，频率为15%左右，年均波高为0.7m，平均周期为3.3s。最大波高为7.2m，波向为北东，最大周期为13.1s。

4. 海冰

沿海每年12月下旬开始结冰，冰期60～70天。1月底至2月中旬结冰最为严重。冰情严重时，沿岸浅海固定冰宽度500m，有时达2km，流冰外缘离岸10km。冰厚一般10～20cm，最厚达30cm，堆积高度1m以内，最高达1.7m。流冰漂流方向为北东—东，次为南西—西；漂流速度为0.2～0.4m/s，最大0.8m/s。进入20世纪以来，三山岛曾出现过4～6次异常严重冰情。其中以1936年最严重，封海达一个半月，冰上10～15km可以安全行走。冰厚30～40cm，最厚70cm，堆积高度23m，刁龙嘴以西冰情较重，三山岛以东冰情较轻。

5. 表层海水盐度

潮间带海水盐度随降水量有明显的季节变化。据1983年调查资料，5月主断面盐度为27.23‰～47.19‰；10月盐度为27.36‰～38.15‰，年较差为2.6‰～3.2‰。

2.1.2 海洋气象

1. 温度

海区1—2月水温较低，月平均水温0.1～0.4℃，极端最低水温－3.2℃；7—8月水温较高，月平均水温26.5～27.1℃，极端最高水温31.3℃。每年近岸有流冰出现，多数年份1—2月间岸边结冰。

2. 降水

项目区年平均降水量为412.1mm。一日最大降水量为136.5mm，出现在2013年7月1日。

3. 海风

受海陆分布和地形地势影响，全年主导风向为南风，全年南风频率为 20%，4—7 月南风频率在 25%～27%，其他各月在 14%～20%。次多风向为东北风，频率为 8%；最少风向为东南风，频率为 2%。累年平均风速为 4.1m/s，5 月最大，为 5.1m/s，8—9 月最小，同为 2.9m/s。累年大风日数 38 天，最多年达 93 天，最少年为 8 天，偶有台风侵袭。年最大风速（10min 平均）为 21m/s，风向为南和西北西，出现在 1970 年 4 月 8 日和 1983 年 4 月 29 日。2min 平均风速曾达 34m/s，出现在 1964 年 4 月 6 日。年有效风能可达 869kWh/m^2，属风能利用丰富区。

4. 雾

项目区年平均雾日数 9.8 天，1 月、2 月和 7 月雾日较多，月平均雾日在 0.0～1.6 天之间。历史雾日最多月份为 2013 年 2 月，出现了 5 个雾天。

2.2 海底冲淤变化

场址区现状整体处于微淤积状态，其中沿航道、岛礁位置淤积量稍大，沿岸多为基岩海岸，侵蚀速率不大。随着人工干预及工程建设，海域水流流速减小幅度较大，易在项目区及周边形成淤积。

2.3 地质环境

2.3.1 地形地貌

场址区为浅海滩地，地貌成因类型为海积平原，地貌类型为滨海低地，属滨海、浅海地貌类型，场址范围海底地形较平缓，场址区常水位水深 8～11m（离海岸线越远，水深越大，海底地形坡度约 1‰）。场址范围内养殖多已清除（东南侧局部未清除，场址区内零散浮漂较多）。场址区地貌如图 2.2 所示。

2.3.2 地层岩性及特征

根据现场勘探揭露的地层资料，场址区勘探深度范围内地基土层主要可分为 2 个主层（细分为 3 个亚层）分别为粉质黏土层（①层）、粗砂层（②-1 层）、粉质黏土层（②-2 层）。地基土特征见表 2.1，地层统计见表 2.2。根据区域地质资料及现场勘探，场址区附近海域范围未发现浅层气、海底滑坡、海底崩塌等不良地质作用发育迹象和海底地震等地质灾害问题。

图 2.2 场址区地貌

表 2.1 场址区地基土特征一览表

地层层号	时代成因	地层名称	地层描述
①	Q_4^{mc}	粉质黏土	灰褐-黄褐色，可塑，局部软塑，土质不均匀，稍有光泽，无摇震反应，韧性中等，干强度中等，含铁锰质斑点、结核。局部含中粗砂颗粒、薄层；局部为稍密-中密状粉土、可塑状黏土；表层分布有淤泥，厚度0～0.4m不等
②-1	Q_3^{m}	粗砂	褐黄色，饱和，密实，局部中密，主要矿物成分为石英、长石等，颗粒呈次圆状-次棱角状，级配不良，局部含砾石，一般粒径2～5mm，最大见50mm，含量5%～20%，局部黏性颗粒含量稍高
②-2	Q_3^{m}	粉质黏土	黄褐色，硬塑，局部可塑，土质不均匀，稍有光泽，无摇震反应，韧性中等，干强度中等，含铁锰质斑点、结核及灰蓝色高岭土团块或条纹。局部含中粗砂、砾砂颗粒；局部夹密实状粉土、硬塑状黏土薄层或团块

表 2.2 场址区地层统计表

地层编号	地层名称	时代成因	统计项目	层厚	层底深度	层底高程	层顶深度	层顶高程
①	粉质黏土	Q_4^{mc}	统计个数	140	140	140	140	140
			最小值/m	3.50	3.50	17.89	0	−10.99
			最大值/m	8.30	8.30	12.23	0	−8.15
			平均值/m	5.20	5.20	−15.27	0	−10.07

续表

地层编号	地层名称	时代成因	统计项目	层厚	层底深度	层底高程	层顶深度	层顶高程
②-1 ②-2	粗砂和粉质黏土	Q_3^m	统计个数	140	140	140	140	140
			最小值/m	6.70	15.00	−60.78	3.50	−17.89
			最大值/m	46.30	50.00	−23.34	8.30	−12.23
			平均值/m	11.35	16.55	−26.62	5.20	−15.27

2.3.3 不良物理地质现象及评价

根据区域地质资料及现场勘探，场址区附近海域范围未发现浅层气、海底滑坡、海底崩塌等不良地质作用发育迹象和海底地震等地质灾害问题。

2.4 交通条件

施工码头距离招远市辛庄镇3.3km。场址区进场道路规划如下：从228国道驶入辛庄镇，通过辛庄西北村村道直接可达海岸码头。另外国道206线、省道215线、304线也在境内交会，道路路况良好，满足设备级材料运输条件。

2.5 水、电、通信

2.5.1 水

（1）海上光伏桩基施工装备自备有淡水舱，可加装一定量淡水，保证日常生活，饮用水还可采用桶装水。

（2）陆上项目部用水采用现场项目部既有取水方式，不作更改。

2.5.2 电

施工用电包括海上光伏电站用电和陆上项目部用电两部分。

(1) 海上光伏电站用电由施工船舶自备发电机供电，以供施工用电、海上生活用电等。

(2) 陆上项目部用电主要从当地的电网引接至生产生活基地、材料临时堆场等。

2.5.3 通信

(1) 项目部施工管理人员、各船船长、各施工班组负责人全部配备专用对讲机，船舶配置海事甚高频对讲机及电话，保证项目部与各施工船舶、施工人员、海上救助、港航部门的无线电联系。

(2) 需要了解现场4G/5G信号覆盖情况，如信号未覆盖或信号太弱，需要提前联系布置，确保现场网通良好。

第 3 章

海上光伏桩基施工工艺研究

3.1 海上光伏施工的策略与综合管理

在海上光伏项目的建设进程中，施工环境所具有的特殊性决定了必须运用独特的策略，以保障项目能够顺利推进。海上光伏施工由于其特殊的作业环境面临着重重挑战，这些挑战迫使施工方不得不采取有针对性的策略，以确保项目顺利开展。其中，海陆分离原则是提高施工质量、效率以及安全性的关键所在，更是极为重要的指导思想。

海上施工所处海洋环境的复杂程度和不确定性极高。具体而言，海洋气象条件复杂多变，风浪、潮汐等因素相互交织，时刻对施工设备和人员的安全构成严重威胁。例如，狂风巨浪可能导致施工船舶剧烈摇晃，危及施工人员生命安全，同时对施工设备造成损坏；潮汐的涨落会影响施工的有效作业时间和施工区域的可达性。此外，海水具有强腐蚀性，会逐渐侵蚀施工材料和设备，缩短其使用寿命，增加维修成本和更换频率。而且，海上作业空间有限，这使得物资运输和设备调度面临极大的困难，任何一个环节的延误都可能影响整个施工进度。相较之下，陆地施工环境则相对稳定，干扰因素较少，能够为施工创造更为有利的条件。

基于此，秉持海陆分离的原则，将能够在陆地完成的施工环节尽可能预先进行，这无疑是一种高效且合理的策略。依据海陆分离原则对施工环节进行精心规划，尽量把陆地可完成的工作前置，能够大幅削减海上施工量，进而降低海上施工风险。以海上光伏桩基施工为例，在陆地加工厂对光伏组件、支撑网架结构等进行预制组装，不但可以充分利用陆地完善的基础设施和充足的空间等施工便利条件，还能在稳定的环境中确保施工精度和质量，有效规避海上恶劣条件所带来的负面影响。同时，工人在陆地上施工无须承受海上作业的恶劣环境和安全风险，有利于提高工作效率，保障施工人员的身心健康，从而为整个项目的顺利推进奠定良好的人力基础。

为了更有效地落实海陆分离原则，分工分区域规划管理成为不可或缺的选择。这种管理模式通过强化资源调配和协调，进一步提升施工效率和质量，使整个海上光伏项目的建设更加有条不紊地进行。

3.1.1 陆域（加工厂）管理

陆域加工厂是海上光伏施工的关键环节之一。在加工厂管理中，原材料管理是基础。需对进入加工厂的钢材、光伏板等原材料进行严格检验，确保其质量符合海上光伏项目的高标准要求。对于钢材，要重点检测其强度、耐腐蚀性等指标；对于光伏板，则要检查其光电转换效率、抗老化性能等。

加工工艺的管理也至关重要。加工厂应制定详细、规范的加工流程。例如，在预制光伏支架时，精确控制切割、焊接等工艺参数，保证支架的尺寸精度和结构强度。同时，质量控制体系要贯穿整个加工过程，对每个预制构件进行多道工序的质量检测，包括外观检查、尺寸测量、性能测试等，确保只有合格的产品才能进入下一个施工环节。

海上光伏施工陆域管理的有效实施，可以确保施工活动的顺利进行，提高施工效率和质量，同时保护周边环境，实现项目的可持续发展。海上光伏施工陆域管理具体工作如下：

1. 规划与组织

（1）制订详细的施工计划，包括施工进度、资源调配、人员配置等。

（2）确定陆域施工区域，并进行合理的布局，确保施工区域的通行、作业和存储需求。

（3）安排施工队伍，明确各级人员的职责和任务，确保施工活动的有序进行。

2. 材料与设备管理

（1）根据施工计划，提前采购和储备所需的施工材料和设备。

（2）对材料和设备进行分类存储，确保其完好、安全，方便取用。

（3）定期对施工设备进行维护和检查，确保其正常运行，减少故障发生。

3. 施工安全与环保管理

（1）制定施工安全管理制度和操作规程，加强施工人员的安全教育和培训。

（2）设立安全警示标志，确保施工区域的安全隔离和警示。

（3）监控施工过程中的噪声、扬尘等环境污染，采取相应措施进行治理。

（4）对施工废弃物进行分类处理，确保符合环保要求。

4. 交通与物流管理

（1）规划施工区域的交通流线，确保施工车辆和人员的顺畅通行。

（2）协调物流运输，确保施工材料和设备及时送达施工现场。

（3）对施工车辆进行管理和调度，减少交通拥堵和事故发生。

5. 协调与沟通

（1）与当地政府、环保部门、海事局等相关单位保持密切联系，确保施工活动的合规性。

（2）与其他施工单位或相关企业进行协调，避免施工冲突和资源浪费。

（3）及时向相关部门和利益相关者报告施工进展和存在的问题，确保信息的透明和共享。

6. 后期维护与监管

（1）施工结束后，对陆域范围内的施工设施进行清理和整理，恢复原有环境。

（2）对施工期间产生的环境影响进行后期监测和评估，确保符合环保要求。

（3）建立施工档案，记录施工过程中的重要信息和数据，为后续维护和管理提供参考。

7. 其他要求

（1）根据项目建设需求，结合海上光伏施工区域地理环境和堤岸实际情况编制临时建筑施工方案，并对选址、布置方案进行风险分析和评估，合理选址。

（2）陆域场地应布局合理，节约用地，因地制宜，合理布置建构筑物的位置，功能分区明确，满足生产工艺流程要求，道路组织流畅，尽量减少往返运输，提高生产效率。

（3）将加工厂［钢网架（光伏支架）、钢管桩以及PHC管桩生产加工区］与生活区、办公区分开设置，并保持安全距离；现场通道、排水畅通，材料分类堆放、工器具放置整齐，管路、线路整齐放置，保持环境整洁有序。总体布局必须与当地城市规划相协调，满足城市规划的要求。

（4）应设置安全文明施工图牌，各类警示标志等应醒目、齐全，按规定设置卫生、急救设施和应急照明。

（5）应制定用火、用电、易燃易爆材料使用等消防安全管理制度，明确消防安全责任人，按规定设置消防通道、消防水源，配设备消防设施和灭火器材。

（6）生产废水、生活废水、垃圾和废油应集中分类收集，统一处理。严禁直接排入海中。

（7）注重环保，尽可能增加绿化面积，创造舒适优美的生产生活环境。

按照以上管理要求，海上光伏综合生产基地总体效果如图3.1所示。

3.1.2 临时码头（进出港）管理

临时码头作为物资和设备进出海上作业区域的咽喉要道，其管理水平直接影响施工进度。在码头的进出港管理方面，要建立高效的物流调度系统。对于预制构件、施工设备等物资的装卸，需根据其特点和船舶的承载能力，合理安排吊运设备和作业时间。例如，对于大型的光伏组件框架，要使用大型起重机进行吊装，并选择在风浪较小的时段进行作业。

船舶调度也是临时码头管理的重点。要根据船舶的类型、用途和进出港时间，合理安排泊位，避免船舶在码头附近长时间等待或发生碰撞事故。此外，临时码头还应具备完善的存储设施和防护措施。对于暂存的物资，要做好防潮、防锈、防风等工作，确保物资在储存期间不受损坏。

海上光伏施工临时码头管理是一个综合性的工作，通过有效的管理措施，可以提高施工效率和质量，同时保护海洋环境，实现项目的可持续发展。临时码头管理

图 3.1　海上光伏综合生产基地总体效果图

关键要点如下：

1. 规划和设计

根据海上光伏项目的具体需求和施工条件进行临时码头的规划和设计，包括确定码头的位置、规模、结构以及所需设备，确保其满足施工过程中的物资运输和人员往返需求。临时码头规划和设计的具体要求如下：

（1）临时码头应该选在水域开阔、坡岸稳定、波浪和流速较小、水深适宜、地质条件较好、陆路交通便利的岸段，满足防洪、防潮、防台风等要求。

（2）临时码头应具备停泊海上施工船只适用吨位、进出港条件。

（3）临时码头选择应考虑与施工海域的距离和与陆上拼装作业场地的距离。

2. 建设和安装

施工前要制订详细的施工计划和安全操作规程，确保临时码头的建设和安装符合相关标准和要求。同时，要关注施工过程中的环境保护和安全管理，减少对环境的影响，确保施工人员的安全。

3. 物资管理

临时码头作为物资运输的重要节点，需要进行有效的物资管理，包括物资的进出管理、存储和调配，确保施工所需的物资能够及时、准确地送达施工现场。临时码头最主要的目的是对陆域管理区加工厂加工的钢网架（光伏支架）、钢管桩、PHC管桩以及其他施工材料进行临时堆放，并将其组织运输至海域施工区域。但必须要注意的一点是物资设备在转运至码头前应向码头管理单位进行报备，取得进入码头许可，提前规划设备临时存放区域。

4. 安全管理

安全管理在临时码头管理中占据着至关重要的地位。在此过程中，务必构建完善且健全的安全管理制度以及操作规程体系，全方位加强现场安全监管力度，并做好应急处理相关工作。与此同时，要定期针对临时码头开展全面细致的安全检查与评估，以便及时察觉并妥善处理可能存在的安全隐患。

对于船舶方，应当严格依据项目部所明确规定的船舶靠泊码头、人员登乘码头以及避风水域等相关信息，严格遵循船舶进出光伏场的既定路线进行靠泊、避风等操作。同时，必须遵守人员登乘码头管理单位的各项管理制度，积极督促出海人员正确使用船舶靠离泊、人员上下过程中所需的安全设施，确保每一个环节都符合安全规范，保障人员和船舶的安全。

5. 环保措施

施工过程中应采取必要的环保措施，如设置污水收集和处理设施，防止施工废水直接排入海洋；减少施工噪声和扬尘对周边环境的影响；合理处置施工废弃物，避免对海洋环境造成污染。

3.1.3 海域（海上作业区域）管理

海上光伏施工的海域管理是指对海上光伏项目在海洋区域的建设活动进行规划、组织、协调、控制和监督的一系列过程。具体涉及对海域使用权的申请和审批、施工活动的组织和安排、环境保护措施的实施以及与其他海洋活动的协调等多个方面，具体要求如下：

（1）应取得海事管理机构关于海域使用权的相关批复手续。

（2）已经海事管理机构核定安全作业区域的，船舶、海上设施或者内河浮动设施应当在安全作业区内作业。无关船舶、海上设施或者内河浮动设施不得进入安全作业区。

（3）海域安全管理工作的内容应包括水域环境安全管理、人员安全管理、船舶安全管理、通航保障安全管理、应急管理等。

（4）海域的安全管理应充分利用数字化、信息化手段，配备辅助海上光伏工程水域安全管理的监控系统。

（5）应在作业区域设置相关的安全警示标志、配备必要的安全设施或者警戒船。施工现场危险区域和部位应采取防护措施并设置明显的安全警示标志。

3.2　管桩吊装运输要求及安全措施

管桩在加工厂完成加工，完工检验合格的管桩堆放在春雨码头（临时码头），由一台 100t 汽车吊将管桩吊至运桩船甲板上，由运桩船将管桩运往光伏桩基施工现场。

3.2.1　管桩吊桩要求

海上光伏桩基施工过程中共涉及两种桩基结构，分别为 PHC 管桩和钢管桩。两种桩基在吊装过程的具体要求如下：

（1）PHC 管桩吊装。PHC 管桩装船吊桩如图 3.2 所示，PHC 管桩采用两点吊、捆桩式的方法吊装。

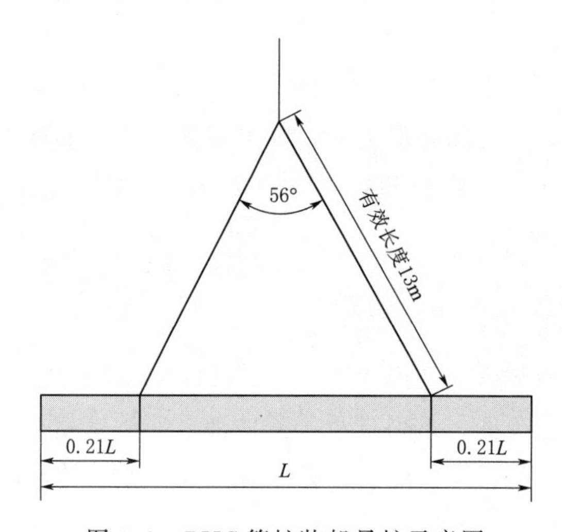

图 3.2　PHC 管桩装船吊桩示意图

（2）钢管桩吊装。钢管桩吊装如图 3.3 所示，钢管桩装船时，利用吊索具连接钢桩吊耳进行装船。

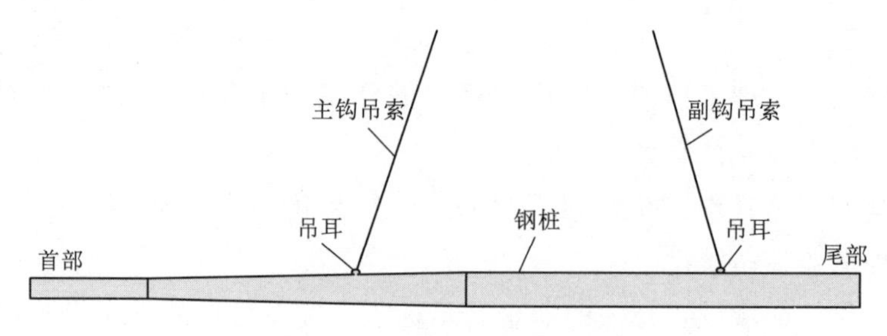

图 3.3　钢管桩吊装示意图

3.2.2　管桩装船布置要求

管桩运输前，首先在运输船甲板上铺设 3 条 10cm×10cm 的木方，分别位于管桩的两端及中间位置，将管桩平放在木方之上，用木楔固定，每根桩之间用 10cm×10cm×60cm 的木方隔开，桩堆两侧各焊接 3 条 10cm×5cm×140cm 的钢板用于固定桩堆，待堆放完毕后用钢丝绳捆绑好桩堆方可出运。管桩装船布置如图 3.4 所示。

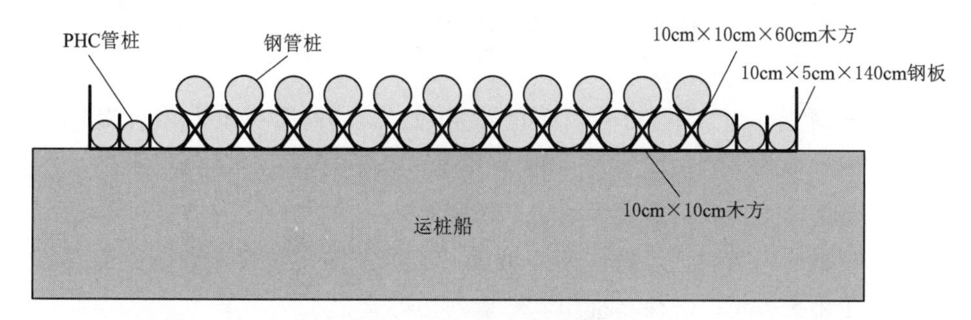

图 3.4　管桩装船布置图

管桩运输到打桩船附近后，确保海上光伏桩基施工装备（打桩船）的舷侧定位工装在回收状态下，运桩船沿船长方向靠泊在打桩船的舷侧，打桩船采用抛锚方式稳定在舷侧，海上光伏桩基施工装备（打桩船）与运桩船之间不相互系泊，如图 3.5 所示。

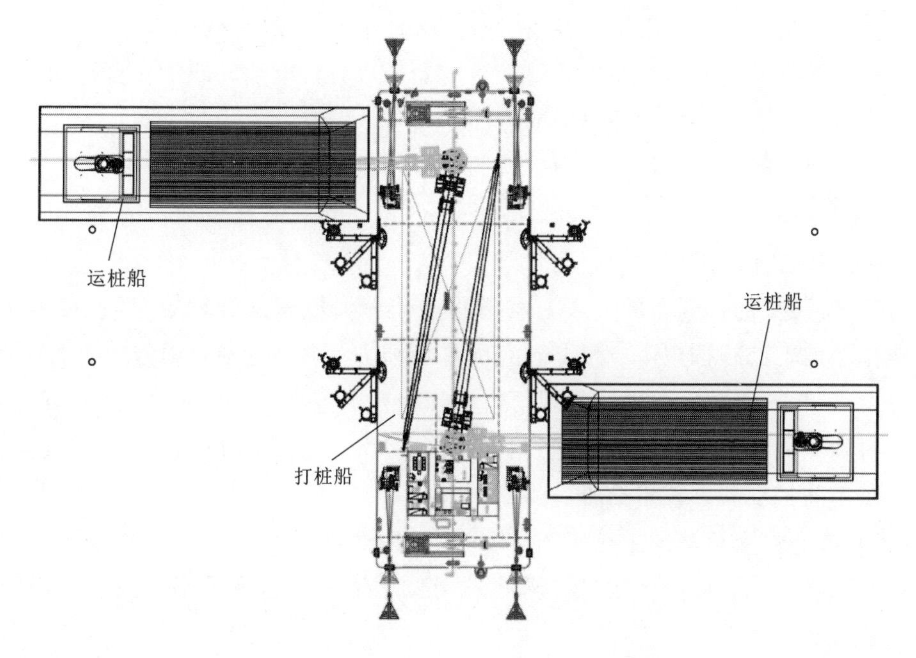

图 3.5　打桩船和运桩船系泊船位示意图

采用海上光伏桩基施工装备（打桩船）的吊机，用两点吊的方案把桩基转移到海上光伏桩基施工装备（打桩船）甲板上，并卡固在存桩区专用卡槽内。

3.2.3　管桩运输安全措施

在海上光伏施工过程中，管桩运输是一个至关重要的环节。由于海上环境的特殊性，管桩运输面临着诸多挑战，包括海浪、潮汐、风力等因素的影响，以及海上交通的复杂性。因此，管桩运输需要精心策划和严格执行，以确保施工顺利进行，具体要求如下：

（1）由于钢管桩与PHC管桩属于超长货物，运输时需提前向当地交管部门报备，选择夜间车辆较少时运输管桩，如遇道路情况复杂路段，司机应求助当地交管部门，由交管部门负责为运送管桩的货车开路。

（2）管桩抵达码头时，应提前向码头管理人员报备，管理人员提前清空码头闲杂物品，驱离闲杂人员，确保卸桩作业环境安全可控。

（3）装船前与运输船船长沟通好管桩装船位置，由船长或大副指导配载，避免出现装完船后船身前倾或侧倾。

（4）运输船靠泊码头后，须在运输船与码头之间搭设跳板供人员上下船，跳板下方拉防护网，人员上船必须穿戴救生衣，施工现场人员必须戴安全帽，穿劳保鞋。

（5）起重机械工作时，吊臂下方严禁站人，被吊物离地大于30cm时，人员禁止上前手扶，起吊之前，仔细检查各吊索具，保证吊索具没有问题后再起吊。

（6）运输船装完船后，船长需得到调度命令后方可离泊，严禁私自行动。

（7）根据钢管桩重量选择合适的船型。

（8）钢管桩运桩船在运输过程中按照海事局所规定的航线航行。

（9）建立完善的海上通信系统，确保通信畅通。及时有效地与海事部门取得联系和沟通，接受海事部门的检查和管理。

（10）遵照交通部颁布的《水上水下施工作业通航安全管理规定》，在本海域进行运输作业前，必须按规定申报办理有关许可证书，并办理航行通告等有关手续。

（11）工程开工前，由项目经理部组织安全监督部门、船机设备主管部门等有关人员，对施工海域及船舶作业和航行的水上、水下、空中及岸边障碍物等进行实地勘察，制定防护性安全技术措施。

（12）参与海上运输的工程船舶必须持有船舶检验和海事安全监督主管部门核发的各类有效证书，船舶操作人员应具有与岗位相适应的适任证书，并接受当地执法部门的监督和检查。

（13）参与海上运输的船舶必须按有关规定在明显处昼夜显示规定的信号标志，保持通信畅通。

(14) 运输船舶应按海事部门确定的安全要求，设置必要的安全作业区或警戒区，并设置符合有关规定的标志。运输船舶在航道附近作业时，要遵守运输安全操作规程和航道通航管理规定。

(15) 施工船舶在施工中要严格遵守《国际海上避碰规则》等有关规定及要求。

(16) 严禁非工程船舶在施工区域停留、抛锚，对临时进入施工区域的工作船做好安全宣传和警示。

(17) 专人负责收取海洋气象预报台发布的7天海洋水文气象资料，并按紧急程度及时发送至运输船舶，以便对灾害性天气预先或及时做出反应。

(18) 工程船舶如遇大风，雾天，超过船舶抗风等级或能见度不良时，应停止作业，并检查密闭全部舱口。

3.3 桩基础运输时的注意事项

(1) 管桩装船前核算运输船舶甲板的强度、吃水，装载过程中不同压载下的船舶稳定性，装船后船舶在风、浪、流作用下的稳定性。

(2) 通过吊机吊运管桩装船时，选择合适的吊点、吊具及起吊方式，平缓将管桩吊放到运输船舶的指定位置。

(3) 水平放置时，管桩必须通过固定工装确保管桩在运输过程中在风、浪、流作业下不会发生滚动、碰撞而受损。

3.4 施工工艺

根据海上光伏桩基施工高密度、小间距、群桩的特点，在大规模桩群施工时，本书研制装备具备横移和纵移两种作业模式，如图3.6所示，作业步骤基本一致。

3.4.1 施工准备

施工前的准备阶段涵盖多方面的关键工作，具体包括以下内容。

1. 技术准备

首先，由专业技术团队对施工图纸展开深入细致的审核，确保施工人员全方位熟悉施工区域的地质构造、水文特征等关键资料，清晰明确施工要求与技术标准，诸如光伏桩的精准布置、合理间距、适宜深度，以及电缆敷设的精确路径等细节均需了然于心。然后依据施工图纸与现场实际状况，精心制定涵盖施工工艺流程、具

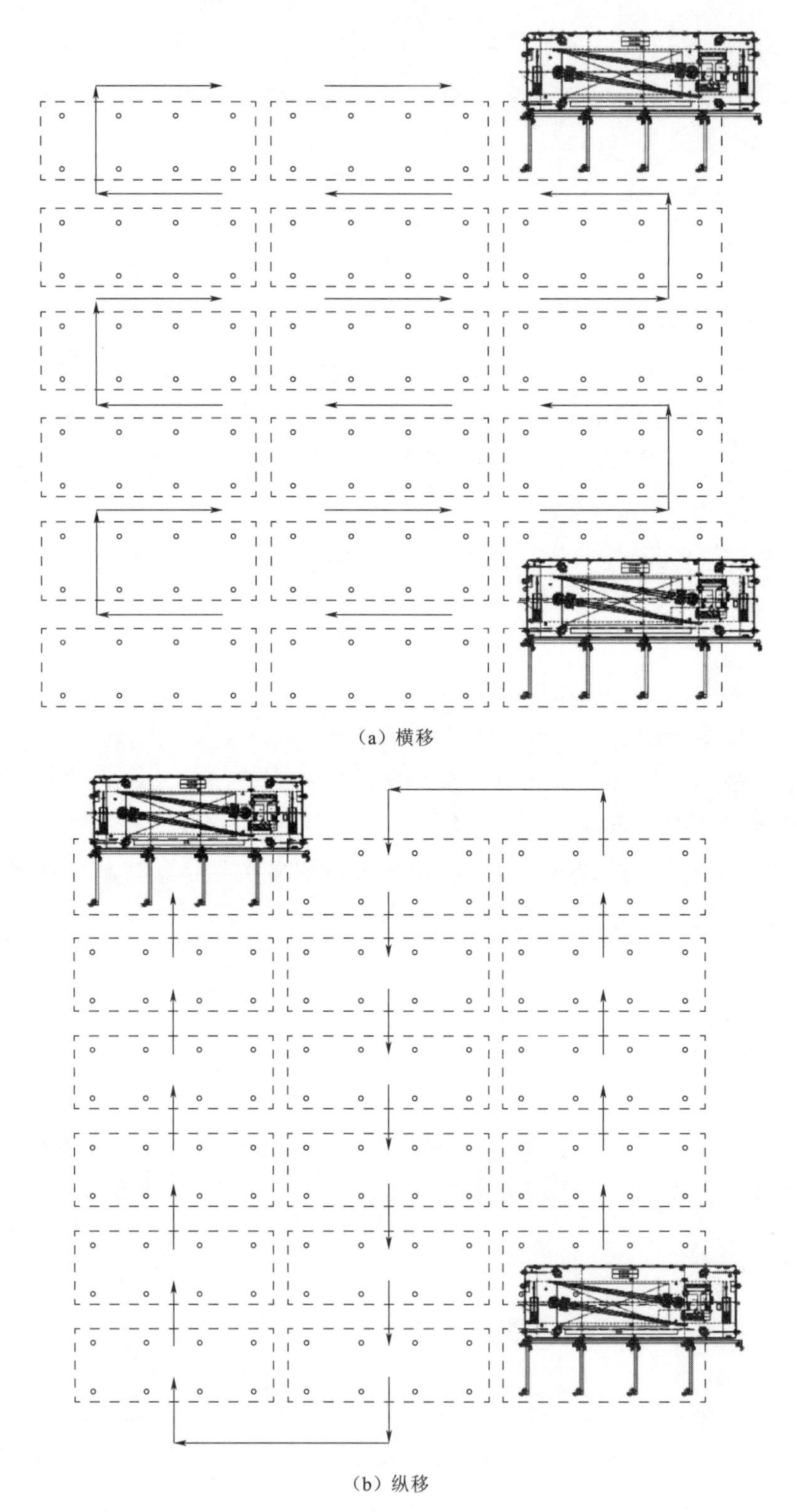

（a）横移

（b）纵移

图 3.6　施工作业模式

体施工方法、科学施工顺序、严格质量控制举措以及周全安全保障措施的详细施工方案，充分考量海上作业的特殊复杂性，针对施工过程中可能遭遇的各类问题提前制定行之有效的应对策略。最后，由技术负责人向全体施工人员进行详尽的技术交底，使每一位施工人员都能透彻了解施工任务详情、施工工艺要点、质量达标标准以及安全注意要点等核心内容，保障施工全程严格遵循技术规范精准操作。

2. 设备物资准备

针对海上光伏桩基施工装备（打桩船）自身配备的各类核心设备，包括打桩设备、起重机、定位系统以及动力装置等展开全面无死角的检查、细致入微的维护与精准调试，确保每一项设备都能维持卓越的性能状态，稳定高效运行。与此同时，依据施工图纸与施工方案的具体要求，严谨计算所需物资材料的种类、精确数量以及特定规格，涵盖光伏桩材、电缆、桥架、防腐材料等，并及时开展采购与储备工作。

3. 人员准备

精心组建一支专业门类齐全且经验丰富的施工队伍，成员涵盖船长、船员、专业打桩工人、技术骨干、质量管控人员以及安全管理专员等，明确界定每一位人员的岗位职责与分工协作机制，确保施工团队在各个环节都能高效有序运作。此外，针对施工人员开展系统全面的培训工作，包括海上作业安全培训、专业技术培训以及实战应急演练，使施工人员深度熟悉海上作业独特环境与安全操作规程，熟练掌握施工技术要领与设备操作技能，显著提升安全防范意识与应急处理能力，为应对海上施工中的突发状况筑牢坚实的人员素质根基。

4. 施工现场准备

派遣专业人员对施工现场进行详尽勘查，全面了解施工现场的地形地貌起伏状况、水深变化范围、地质条件详情、气象条件动态、周边环境特点等多方面信息，并系统收集整理相关数据资料，为后续施工方案的精准实施提供科学依据。同步开展施工现场障碍物清理工作，彻底清除如礁石、渔网等各类可能阻碍施工区域通航安全与施工设备正常作业的障碍因素，营造安全顺畅的施工环境。

5. 施工条件准备

提前与气象部门建立紧密联系，持续关注施工海域的气象和海况信息变化，获取精准可靠的天气预报以及海浪、潮汐等详细数据资料。基于此，制定完善周全的应对恶劣天气和海况的应急预案，确保在施工过程中一旦遭遇突发恶劣天气或海况变化，能够迅速及时地采取有效应对措施，切实保障施工安全与设备设施安全。同时，积极办理施工所需的各类许可证和审批手续，如海域使用证、水上水下施工作业许可证等，确保整个施工活动合法合规开展。此外，加强与当地政府、海事部门、渔业部门等相关部门的沟通协调工作，主动争取他们的大力支持与密切配合，妥善解决施工过程中可能出现的诸如船舶通航协调、渔业作业避让等各类问题，为施工顺利推进创造有利的外部环境。

3.4.2　初始移船和粗定位

海上光伏桩基施工装备（打桩船）在驶离码头奔赴施工区域前，需先将相关施工信息精准录入定位系统。随后，借助GPS或北斗定位系统提供的精确坐标指引，依靠拖船的牵引动力，将海上光伏桩基施工装备（打桩船）平稳拖移至预先规划设定的施工区域，顺利完成打桩船的拖航任务，完成海上光伏桩基施工装备（打桩船）的粗定位。

3.4.3　精准移船和精定位

船舶在海上施工时受到海浪潮涌等因素影响，因此提高海上光伏桩基施工装备（打桩船）的定位精度对最终的整体施工质量和效果具有至关重要的影响。海上光伏桩基施工装备（打桩船）除采用四角锚链系统对船舶进行粗定位外，还通过设置在海上光伏桩基施工装备（打桩船）艏艉两端的固定式定位桩系统和移动台车式定位桩系统相互配合使用，实现海上光伏桩基施工装备（打桩船）的精准定位，如图3.7所示为海上光伏桩基施工装备（打桩船）船艉部定位桩系统示意图。海上光伏桩基施工装备（打桩船）艏艉定位桩系统是以船中心为对称点的对称结构布局。

1. 确定参考坐标

海上光伏桩基施工装备（打桩船）的精度指标主要以施工前输入定位系统的坐标为参考，建立以海上光伏桩基施工装备（打桩船）中心位置为原点的动态平面坐标系，并将预设施工点位桩基施工点位坐标转化成平面坐标系。

2. 纵向坐标的精准定位

通过控制打桩船四角锚链电机的转动收缩锚链控制打桩船沿船长度方向的移动，使打桩船横向坐标与预设坐标一致。同时控制四角锚链的不同伸缩量，使打桩船进行以打桩船中心点为中心的转动调整，使打桩船定位工装前段定位中心位置与预设桩基施工点位坐标纵坐标保持一致。

3. 横向坐标的精准定位

下放打桩船艏艉两侧的移动台车式定位桩，依靠定位桩自重将定位桩插入海底，两点定位使打桩船纵向不再移动。通过控制移动台车式定位桩系统的液压缸的伸缩，使打桩船实现横向移动，直至打桩船横向坐标与预设横向坐标达到一致。

如果横向移动位移一次不能达到预定位置，则需要再移动台车式定位桩系统液压缸伸缩至极限位置，固定式定位桩系统定位桩下放到海底稳住船身，然后起拔移

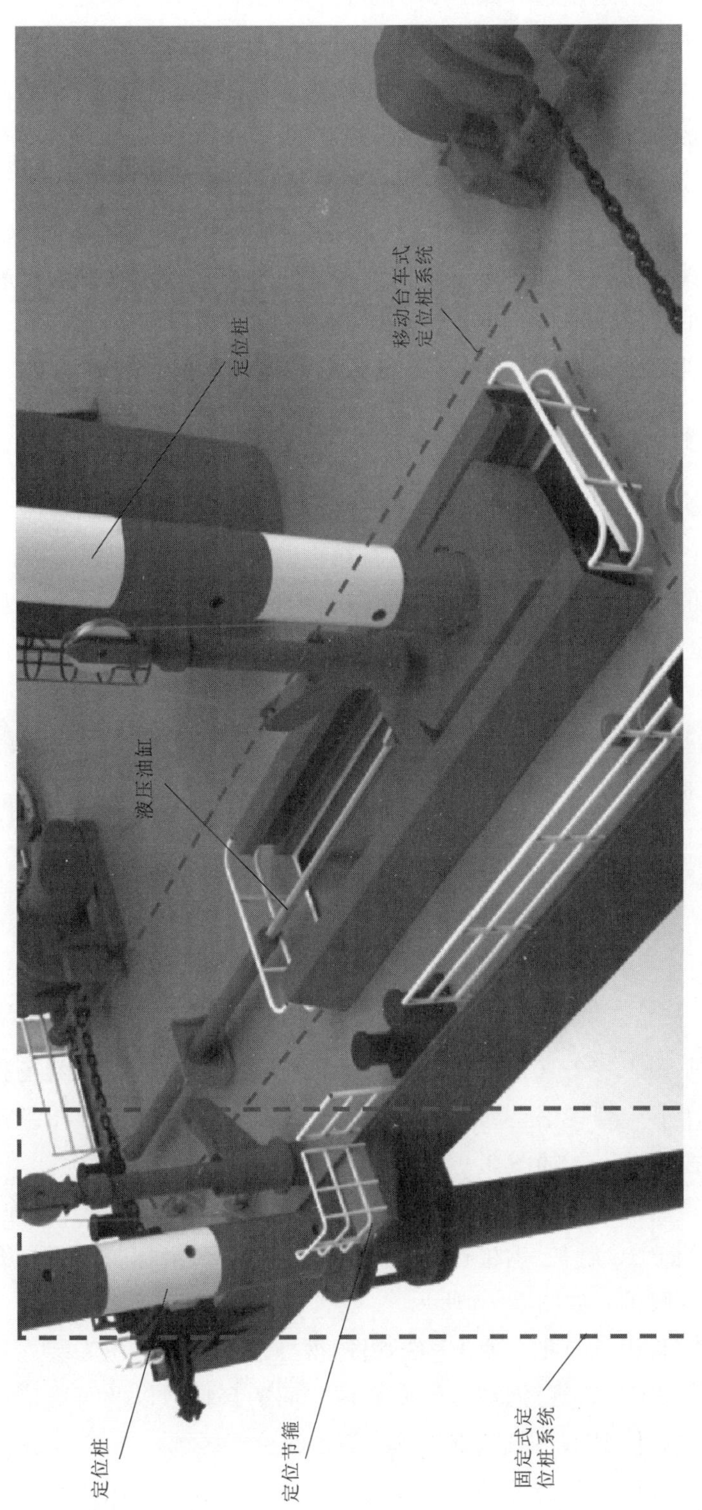

图 3.7　海上光伏桩基施工装备艏艉部定位桩系统示意图

动台车式定位桩系统的定位桩并用插销固定，再将液压缸恢复初始位置。再次下放移动台车式定位桩系统的定位桩并固定在海底，起拔固定式定位桩系统的定位桩并用插销固定。然后，利用移动台车式定位桩系统的液压油缸伸缩带动打桩船的横向移动，使用打桩船移动到最佳位置。如此固定式定位桩和移动台车式定位桩交替插拔，可以使船舶定位不发生偏移，以确保打桩船移船的定位精度。

4. 船体固定

当移动台车式定位桩经过一次或多次移动，使打桩船的横向和纵向精度都与预定坐标保持一致时，再次下放固定式定位桩系统的定位桩，锁死船舶，不使打桩船因液压缸的意外伸缩发生偏移，保证打桩船在施工过程中的稳定性。

3.4.4 喂桩作业

喂桩作业是利用海上光伏桩基施工装备（打桩船）上设置的两台双钩吊机将水平放置在甲板上的预存PHC管桩/钢桩进行精准转移至海上光伏桩基施工装备（打桩船）两侧设置的舷侧定位工装抱桩器导向孔内的过程。海上光伏桩基施工装备（打桩船）喂桩作业流程可以分为PHC管桩/钢桩平移、PHC管桩/钢桩翻桩、PHC管桩/钢桩喂桩、PHC管桩/钢桩沉桩。

海上光伏桩基施工装备（打桩船）上双钩吊车与PHC管桩/钢桩的吊桩过程中采用两点吊、捆桩式，其中双钩吊机与PHC管桩捆桩方式应按照3.2.1节中管桩装船吊桩方式中的要求进行捆桩，双钩卷扬机同时启动，带动钢丝绳收缩，使得双钩带动PHC管桩/钢桩向上平移，直至高度超过海上光伏桩基施工装备（打桩船）护栏高度。然后旋转吊臂使PHC管桩/钢桩从甲板预存区上方平移至海上光伏桩基施工装备（打桩船）外侧，实现PHC管桩/钢桩的平移作业，如图3.8所示。

海上光伏桩基施工装备（打桩船）双钩吊机控制主钩钢丝绳的卷扬机旋转收缩钢丝绳，使主钩上升，副钩钢丝绳卷扬机不动。主副双钩联动使PHC管桩/钢桩在自重作用下达到垂直状态，如图3.9所示。

调整吊机悬臂角度，将PHC管桩/钢桩垂直吊运至舷侧定位工装抱桩器上方，然后缓慢下放，使PHC管桩/钢桩逐渐进入舷侧定位工装沿抱桩器导向孔内，稳定后抱桩器锁定完成喂桩，如图3.10所示。

利用PHC管桩/钢桩自重，使PHC管桩/钢桩沿着舷侧定位工装抱桩器导向孔下沉至海底，依靠PHC管桩/钢桩与海底淤泥之间的自持力以及与舷侧定位工装抱桩器之间的扶正力，使PHC管桩/钢桩垂直固定在施工区域，如图3.11所示。

按照上述作业流程，海上光伏桩基施工装备（打桩船）利用两台吊机依次完成船体两侧桩基的喂桩作业。

图 3.8 PHC 管桩/钢桩平移

图 3.9 PHC 管桩/钢桩翻桩

图 3.10　PHC 管桩/钢桩喂桩

图 3.11　PHC 管桩/钢桩沉桩

3.4.5　打桩作业

下放海上光伏桩基施工装备（打桩船）的吊机主钩，将吊钩与放置在甲板上的液压/柴油打桩锤连接在一起。收缩吊机钢丝绳将液压/柴油打桩锤吊至空中，其高度应超过 PHC 管桩/钢桩自沉后的最上端，调整吊机悬臂角度，使液压/柴油打桩锤放置在 PHC 管桩/钢桩桩头正上方。

利用激光定位装置将液压/柴油打桩锤中心和 PHC 管桩/钢桩中心位置进行精确校准，下放吊机主钩使液压/柴油打桩锤与 PHC 管桩/钢桩对接，如图 3.12 所示。

图 3.12　打桩锤套桩

启动液压/柴油打桩锤将 PHC 管桩/钢桩锤击至设计要求标高，如图 3.13 所示为对 PHC 管桩/钢桩标高进行复测。

打桩过程中利用抱桩器外伸臂定位工装及圆周 360°均布的 3 个自动液压校准装置实时监控 PHC 管桩/钢桩桩心对正度，可保证垂直度，如图 3.14 所示。

图 3.13　复测 PHC 管桩/钢桩标高

图 3.14　自动液压校准 PHC 管桩/钢桩

打桩过程中通过船上的吃水测量装置、横倾仪将船舶调整为尽可能水平，无纵倾、无横倾，以确保船舶的浮态不会对打桩精度造成不利的影响。

3.5 施工工艺要求

3.5.1 施工场地布置

沉桩施工作业均为外海无掩护作业，施工作业主要以船舶为载体，在施工过程中，所用船舶甲板应合理布设，遵守相关安全章程及规章制度。沉桩施工中，主要作业场所为海上光伏桩基施工装备甲板面，打桩锤及动力单元位于海上光伏桩基施工装备甲板上，随船进场。

3.5.2 海上光伏桩基施工装备驻位

海上光伏桩基施工装备为无动力非自航船舶，船舶从码头至施工区域的转移需要依靠拖船进行。依据本船搭载的卫星定位系统和船舶智能化系统中的打桩定位系统对海上光伏桩基施工装备进行定位。配合海上光伏桩基施工装备上搭载的四角锚机系统、移动台车式定位桩系统以及固定式定位桩系统实现海上光伏桩基施工装备精准定位，进而实现海上光伏桩基施工装备施工前的驻位。

3.5.3 运桩船驻位

当海上光伏桩基施工装备甲板上预存 PHC 管桩/钢桩数量不足时，利用运桩船将 PHC 管桩/钢桩从陆域码头转运至海上光伏桩基施工装备甲板上。运桩船驻船时应错开海上光伏桩基施工装备两侧舷侧定位工装，靠近海上光伏桩基施工装备艏艉两侧，运桩船采用抛锚方式稳船舶，海上光伏桩基施工装备（打桩船）与运桩船之间不相互系泊，如图 3.15 所示。

3.5.4 管桩翻桩

PHC 管桩翻桩时通常采用两点吊的方式。两点吊捆桩方式见 3.2.1 节。当采用钢桩且钢桩长度过长，采用两点吊作业方式易产生安全隐患时，可采用四点吊作业方式，作业时在钢桩上设置 4 处吊耳，并在吊耳处系挂稳桩吊索具，四点吊翻桩作业示意如图 3.15 所示。

钢管桩翻桩时，主钩吊索具挂在首端（上部）吊耳处，副钩吊索具挂在尾端（下部）吊耳处，如图 3.16（b）所示。

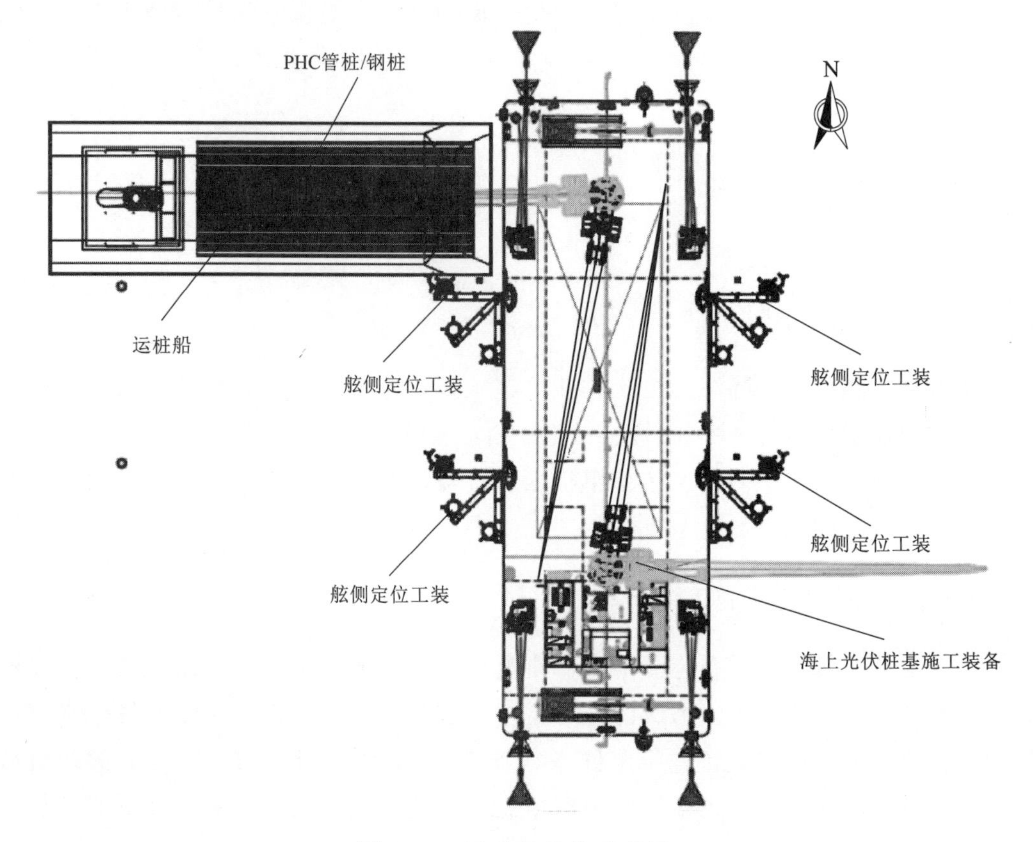

图 3.15 运桩船驻位示意图

待翻桩完成后，如图 3.16（d）所示，钢桩尾端索具脱钩，主钩连接翻转稳定后，将桩身摆直，后续送入抱桩器，抱桩器闭合后，管桩自然下沉，下沉稳定后摘除主钩吊具。

3.5.5 管桩入抱箍及自沉

翻桩完成后，将舷侧定位工装抱箍打开，待 PHC 管桩/钢桩进入抱箍后，闭合抱箍，锁紧抱箍插销，摘除下部吊钩，完成喂桩过程，如图 3.17 所示。

桩基喂桩到位后，缓慢下放主钩，管桩即可自然下沉，待下沉稳定后，即可拆除主钩，此时桩基通过抱箍筒和底部入泥段支撑和固定。

在使用海上光伏桩基施工装备进行吊桩作业时，需对吊桩作业高度进行核算，吊桩吊高核算见表 3.1。

3.5.6 打桩锤及打桩作业

翻桩自沉完成后，用主钩吊装打桩锤进行打桩作业，如图 3.18 所示。

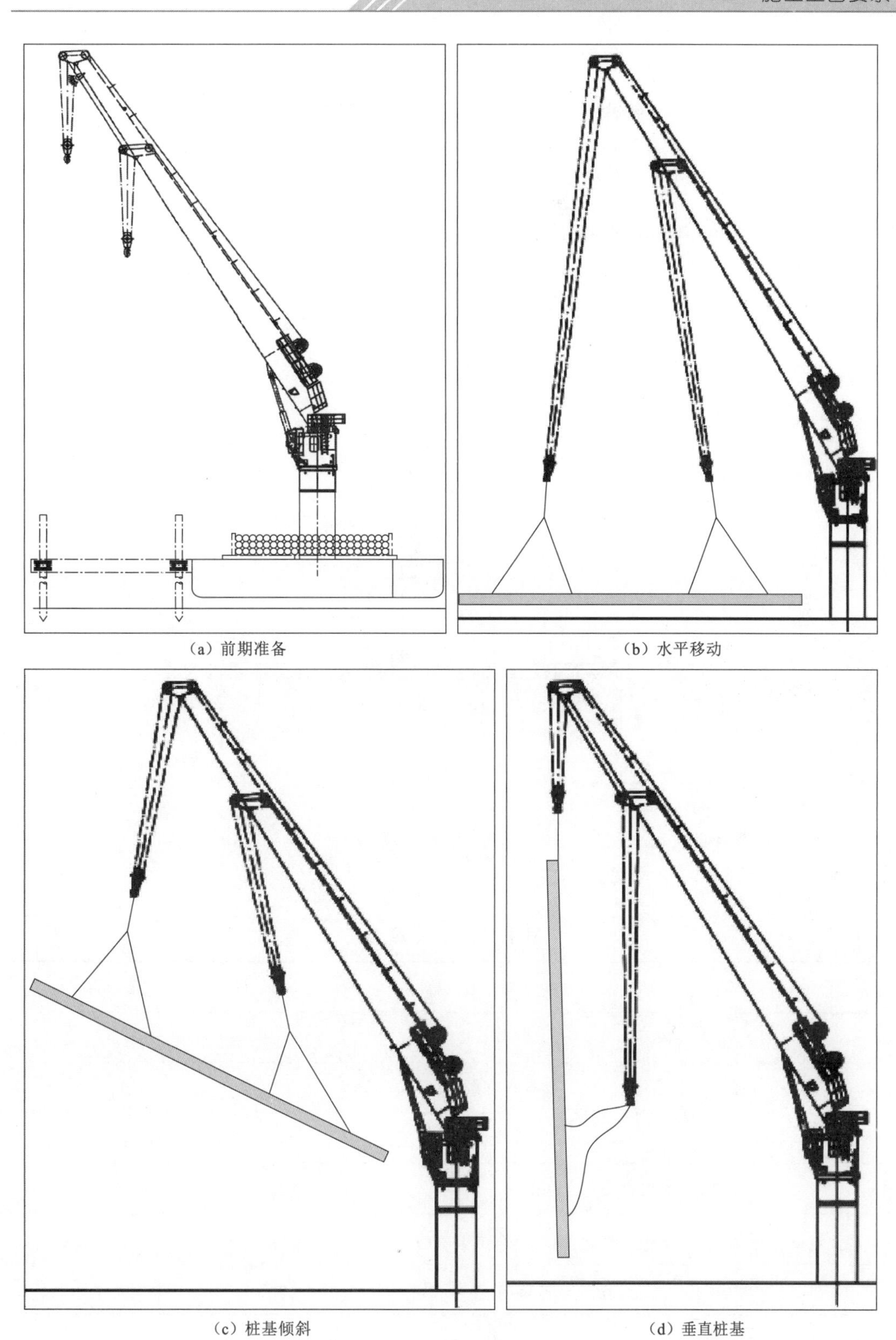

（a）前期准备　（b）水平移动　（c）桩基倾斜　（d）垂直桩基

图 3.16　四点吊翻桩作业示意图

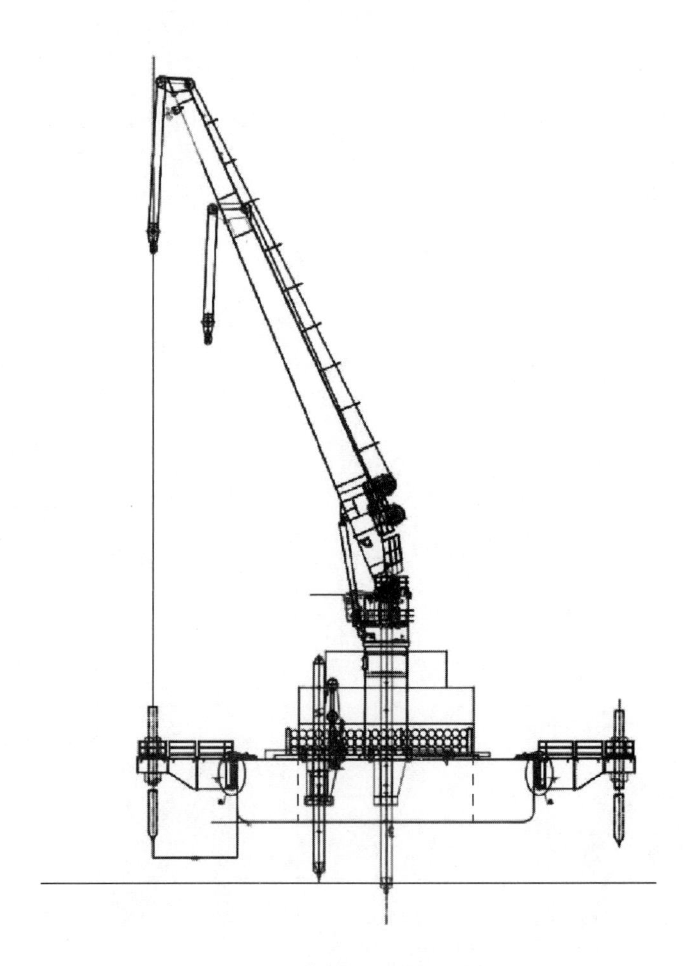

图 3.17　管桩入抱箍示意图

表 3.1　吊桩吊高核算表

序　号	参　数　名　称	数值/m
1	管桩长度	35.3
2	吊索具有效长度	10
3	机位水深	8.5
4	吊桩所需水上高度（“1”＋“2”－“3”）	36.8
5	吊机主钩水上吊高	43
6	吊高富余量（“5”－“4”）	6.2

图 3.18 打桩锤作业示意图

准备工作完成后，利用双钩吊机主钩将打桩锤（柴油打桩锤或液压打桩锤）吊装至管桩桩顶，下放主钩使打桩锤下端套筒夹具与桩基顶端配合完成套桩作业。主钩随桩基高度变化缓慢下落，直至桩身不再下降，技术人员记录压锤进尺，全程由测量人员监控垂直度。

在使用海上光伏桩基施工装备进行打桩作业时，需对打桩锤吊重、吊高进行核算。打桩锤吊重和吊高核算（以最长最重管桩核算）见表 3.2 和表 3.3。

表 3.2　打桩锤吊重核算表

序　号	参 数 名 称	数值/t
1	锤重	22
2	总安全吊重（“1”×1.3）	28.6
3	主钩最大吊重（荷载曲线 17.3m）	30
4	吊重富余量（“3”－“2”）	1.4

表 3.3　　打桩锤吊高核算表

序　号	参　数　名　称	数值/m
1	锤高	8
2	锤底至桩顶安全间距	2
3	管桩长度（含桩靴）	35.3
4	水深＋自重入泥	13.5
5	吊锤所需水上高度（“1”＋“2”＋“3”－“4”）	31.8
6	主钩水上吊高	43
7	主钩吊高富余量（“6”－“5”）	11.2

3.5.7　打桩作业操作及检查要求

1. 沉降与位移观测

在整个打桩进程中，务必强化沉降、位移观测工作，构建常态化观测机制，定时定点精准记录数据，通过专业数据分析评估工程安全性，及时察觉潜在风险，为工程筑牢安全基石，确保打桩作业稳步推进。

2. 吊桩环节把控

(1) 桩身前置检查。吊桩操作前，执行全方位、精细化桩身检查流程，运用专业检测工具与丰富经验判断，涵盖桩体外观完整性、结构稳固性等多维度，仅在确认桩身毫无损坏迹象时，方可开展后续吊桩作业。

(2) 吊立过程管控。沉桩吊立全程应严格把控吊立速度，依循平稳、匀速原则操作设备，防止因速度突变引发桩身晃动、碰撞等不良情形。沉桩初始阶段，采取间断轻打策略，精准掌控锤击力度与频次，规避溜桩现象，保障打桩起始阶段规范性。

3. 沉桩动态监控

(1) 桩身实时监测。沉桩全程安排专人密切留意桩身细微变化，对桩身垂直度、入土深度、桩身是否出现裂缝或变形等状况保持高度警觉，一旦察觉异常，即刻停锤，第一时间向现场工程师详实汇报，协同专业团队剖析根源，敲定切实有效的应对策略后再复工。

(2) 桩位精准调整。自沉、压锤流程中，借助专业测量仪器高频观测桩位动态，对因土质、水流等因素致桩位变动超允许范围情况，迅速响应，按规范流程适时调整；遇复杂状况，果断拔出重新下桩，确保桩位精准度符合设计预期。

4. 环境因素考量

深度洞察施工时段水流、潮汐特性规律，借助水流模拟、潮汐预测等专业手段，精确预估沉桩时桩位偏移的趋向与幅度，据此精准设定下桩提前量，巧妙抵消环境干扰，保障最终桩位精准归正，契合工程正位标准。

5. 桩身与锚缆协同管理

施工全程同步聚焦桩身状态与锚缆工况，伴随水流、潮位实时波动，灵活且及时调整锚缆松紧、角度，杜绝桩身于锤击时承受扭力，防范结构损伤。遇异常即刻停锤，速报监理工程师，经严谨分析、科学研判，依有效方案续施。

6. 打桩船规范作业

（1）驻位精细操作。打桩船依预设锚位精准抛锚，借助拖轮协同作业，稳固定位；运桩船有序驻位后，依设计规范用钢丝绳扣稳扎捆桩，依桩型、规格按两点或四点精准选吊点，水平起吊。

（2）沉桩有序推进。桩基起吊后，移桩翻桩精准就位，桩基垂直吊入舷侧定位工装抱箍，开启打压锤打桩作业；打压锤作业时，借助多元监测设备注意观察桩身状态，动态微调，力保沉桩过程桩基的垂直度。

7. 锤击沉桩要点

严守锤击沉桩工艺规范，打桩锤、桩基调至同轴直线，规避偏心锤击；锤击作业连贯稳定，锤芯冲程稳控于3～4m范围，沉桩全程强化观测，对标技术规范严卡停锤标准，保障桩基质量可靠。

8. 施工记录与桩基检测

桩基施工各环节，即时梳理、存档打桩原始记录，数据详实完备；对未达设计指标的桩基，在现场监理见证下开展动测，深挖桩基承载性能，将检测成果速呈设计单位，依审定意见妥善处置，夯实桩基稳固根基。

9. 严控贯入度

PHC管桩沉桩收尾关键阶段，即最后3阵锤击，每阵10击，严格把控贯入度于70～120mm/10击区间，应专业测量、严谨记录，确保桩基入土特性契合工程力学与设计要求。

3.5.8 钢管桩沉桩技术措施

1. 施工前筹备与复核

（1）沉桩参数精算。施工启动前，施工单位需以严谨科学的态度开展筹备工作。基于拟定投入使用的沉桩锤具体型号、钢管桩详尽设计图纸以及工程所处区域精细地质勘查资料，紧密契合本工程沉桩的严格要求，展开深度桩锤及其锤击能量复核运算。综合考量钢管桩材质特性、规格尺寸、入土深度预期以及地层土质结构复杂程度等要素，精准确定适配的总锤击数，为后续沉桩作业筑牢理论根基，全力保障钢管桩在锤击过程中维持结构完整、性能稳定，杜绝破坏风险。

（2）检测设备预置。针对试验钢管桩，在沉桩作业开展前夕，严格依据预先规划制定的监测布置规范要求，有条不紊进行钢管桩桩基检测设备精准埋设。选用先进可靠、适配海洋环境且契合监测指标精度需求的设备，确保其稳固安装于预定关键点位，为全程实时、精准监测桩基各项性能指标提供硬件支撑，提前把控沉桩质量动态。

2. 沉桩核心控制指标与作业准则

（1）标高与贯入度把控。本工程钢管桩沉桩秉持以桩端设计标高为首要导向、以贯入度控制为关键校核的双控原则。施工全程，高频且细致检查桩贯入度动态，运用专业测量器具定时记录，精准掌握每一阵锤击下桩体的入土速率；同步关注桩顶完整性，借助外观检视、无损探伤等多元手段排查裂缝、破损等瑕疵；严密监测桩体倾斜度，借助高精度全站仪、倾斜仪等设备实时追踪，依偏差状况及时纠偏调整。当桩尖触及设计标高，且最后3阵（每阵10击）平均贯入度稳控在不超20mm/阵范畴，方达停锤基准；若超出该值，持续锤击作业，直至平均贯入度契合控制要求，此间审慎考量施工水位波动对桩体入土深度的影响，精准校正继续下沉尺度。

（2）特殊工况应对。桩尖未达设计标高场景下，细分处置策略。若超高值小于1.5m且最后10阵平均贯入度严控在不超10mm/阵，可依规停锤并执行截桩工序；若超高大于1.5m且对应贯入度达标，即刻通报设计单位，同步暂停后续沉桩操作，待专业研判、指令下达后再行动。遇贯入度骤变，桩身突发倾斜、位移或者严重回弹等异常紧急状况，现场即刻响应，第一时间知会设计方并叫停打桩流程，防患安全与质量隐患扩大。

3. 检测与监测贯穿全程

（1）关键节点检测。伴随钢管桩沉桩进程推进，在桩尖标高趋近设计标高或预判即将停锤的关键节点前夕，迅速高效组织开展高应变检测作业。调用高精密专业检测设备，精准采集桩身有效锤击能量、最大锤击力、打桩瞬间静土阻力以及桩身最大压应力等核心数据，借数据分析深度洞察桩体承载性能、入土稳固特性，为桩基质量评估提供量化支撑。

（2）施工全程复核。沉桩作业收官之际，依循高标准规范开展系列复核工序。针对桩位平面坐标，运用差分GPS等先进定位技术校验，确保平面允许偏差严控在小于300mm范围；精细测量桩顶间距，保障偏差小于300mm；借助专业倾斜测量仪复核轴线倾斜度，使其偏差率小于1%。同步核算桩顶高程，详实记录桩基垂直度、入土深度以及水平变形量化指标，形成完备成果报告存档，为工程整体验收、后续工序衔接夯实数据基石。

4. 防护与体系构建跟进

钢管桩沉桩施工圆满完成后，趁热打铁实施系列加强与保护策略。因地制宜设计防护结构，诸如安装防冲刷护筒、抛填防护石料等，削弱水流对单桩的冲击侵蚀；巧妙联结各单桩，借助现浇混凝土承台、钢联撑等构建方式，促使桩基快速转化为整体受力体系，提升结构抗水流、风浪等海洋环境荷载能力，稳固工程根基，护航海上光伏设施长效安全运行。

3.5.9 防溜桩措施

1. 锤击能量精细化管控

沉桩作业起始阶段，打桩锤务必从最低能量档位开启工作流程。操作人员需紧密盯梢桩身入土进尺动态，伴随桩体逐步深入地下，依据进尺速率、入土阻力变化情况，秉持谨慎且精准原则，对锤击能量实施阶梯式、适应性调整。借助打桩锤自带能量调节系统以及专业监测仪器反馈数据，确保锤击能量与桩身当下工况紧密匹配，从能量输入源头降低溜桩风险。

2. 软弱土层针对性策略

当钢管桩进入软弱土层这一特殊地质区间，采用间断锤击作业模式。设定小能量输出参数，执行间歇性锤击操作，严格把控每一击的贯入度数值，运用高精度测量器具实时监测，确保贯入度稳定在安全可控范围。同步约束锤击能量上限，避免因能量过大导致桩身失控加速下沉引发溜桩。施工全程安排专人全神贯注观察桩身稳定态势，留意桩身是否出现倾斜、晃动等异常表征，一旦察觉不妥，即刻暂停锤击，研判处置。

3. 吊锤系统安全调节

在沉桩吊打进程中，精细操控吊锤钢丝绳松紧程度，适度略微放松钢丝绳，促使吊锤卸扣精准呈45°安全夹角状态。伴随桩身持续进尺，打桩船吊锤钩需稳步、有序逐步下放，下放速度契合桩身入土节奏。构建严格操作规范与监控机制，操作人员严格依循规程作业，现场指挥与安全监督人员全程把控，杜绝因吊锤钩下放失当引发锤体骤然下落，筑牢防溜桩安全防线。

4. 垂直度全程保障机制

自钢管桩开启自沉流程起，测量专业团队便要利用全站仪、经纬仪等高精度测量设备，对钢管桩沉桩垂直度展开全时段、无死角观测。依据测量数据反馈，即时通过调整桩架双层背板角度、位置来校正桩身垂直度偏差，确保桩身尽可能维持垂直状态且受力均匀合理。即便遭遇溜桩突发状况，凭借精妙设计、稳固安装的双层背板结构，发挥其稳固支撑与导向效能，保障管桩垂直度始终符合设计精度要求，稳定桩身姿态，遏制溜桩衍生的不良后果。

第4章

海上光伏桩基施工装备研制

4.1 海上光伏桩基施工装备方案

4.1.1 设计要求

根据海上光伏项目的施工要求、使用环境等条件，新型海上光伏专用桩基施工装备设计要求如下：

(1) 满足0.6～1.5m固定直径PHC规格的桩基施工，适应桩长达到35m，起重能力不低于25t。

(2) 每个船位可完成一个组串内的4～8根桩的施工，桩基跨度长度方向不低于50m，宽度方向不低于20m。

(3) 满足工程船设计规范，可在沿海海域拖带航行。

(4) 具备打桩上部组件吊装一体化作业能力。

(5) 抗风浪等级不低于6级。

(6) 离岸15km以内，作业水深3～15m。

(7) 施工效率不低于40根桩/日。

(8) 桩位偏差、桩体垂直度、桩顶标高等参数须控制在设计要求的范围内。

(9) 海上桩基施工设备主尺度的选取须符合主流桩基间距布置和设备功能要求，使海工装备具有良好的稳性、耐波性，并与作业海域海况条件相适应。

(10) 选择合理的船型、结构型式和设备配置，以提高移船、定位、打桩及吊装作业效率。

(11) 选用安全可靠、技术先进、性能优良和节能环保的系统和设备。

(12) 满足相关的最新标准、规则、公约要求。

4.1.2 设计方案确定

基于上述设计要求，基于海上光伏桩基施工功能需求对几种实现方案进行比较，分别对其优点和缺点进行总结，以期对最终设计方案的定型提供参考，不同海上光伏桩基施工装备初步设计方案比选见表4.1。

自2021年开始，作者团队在浙江龙岗、浙江象山等滩涂光伏项目和山东半岛的海上光伏项目进行了多轮次的调研，以了解行业现状和装备水平；同时针对海上风电施工企业、渔光互补施工企业、打桩船船东、劳务分包单位、装备制造企业和船厂等，包括中交第一航务工程局有限公司、舟山金晨船舶租赁有限公司、上海雄程海洋工程股份公司等二十余家相关单位，对专业分包、装备设计等基础资料、施工技术及装备现状、山东半岛船厂等资源进行汇总梳理，多次组织或邀请有经验的厂家进行技术交流，对技术、装备水平和行业规范、施工成本、产品造价等作了详细调研，在设计方案、施工工艺、装备水平、分包资源等多个维度上进行了对比总结，形成了成套工艺及匹配的海工装备，并借助无棣、招远、文登三个海上光伏的投标、实证项目，对方案作了全面校核。

表4.1　　设计方案比选表

方案分类			优点	缺点
浮船式打桩设备	浮船＋打桩机（起重机）＋独立工装		（1）船舶定位不需要太精准，移船定位速度快。 （2）管桩相互定位，精度高，速度快。 （3）对工人熟练程度的依赖性降低，个体差异对施工精度不产生影响	（1）标桩定位件需要小船配合拆解、安装，相对工作量大，安全系数不高。 （2）放样工装应力集中，容易破坏既有管桩。 （3）漂浮式风浪影响不能完全消除，触底式造价高，费工时
	浮船＋打桩机（起重机）＋固定工装		（1）能实现智能化定位、抱桩、退桩。 （2）相对精度高。 （3）不需要人工移工装，速度快，安全性好。 （4）个体差异对施工精度不产生影响	（1）船舶需要精准定位。 （2）运动配合件多，故障率较高
	浮船＋打桩机（起重机）＋固定工装		排水量大，稳性好，抗风浪等级高	（1）船舶需要精准定位。 （2）造价高
坐滩式打桩设备	双甲板坐滩式打桩设备		（1）船舶定位不需要太精准。 （2）能够彻底解决风浪问题。 （3）需要注水、排水，移船速度慢	（1）运动配合件多，故障率较高。 （2）造价高

通过对各套方案进行比选，确定海上光伏桩基施工装备为非自航船舶，适用于近海施工作业，在主甲板安装两台特制起重机进行吊打作业，配备了锚机、定位桩和台车，实现移船、稳船和定位。

对海上光伏桩基施工装备进行了多方案设计，经过专家论证比选后，最终选择最优方案进行后续建造加工及使用。海上光伏桩基施工装备设计方案如图 4.1 所示。

(a) 三机单排式海上光伏打桩机

(b) 八机双排式海上光伏打桩机

图 4.1（一） 海上光伏桩基施工装备设计方案

（c）单机轨道式海上光伏打桩机

（d）全回转海上光伏打桩机

图4.1（二）　海上光伏桩基施工装备设计方案

由于海上光伏桩基施工装备每个船位需要完成一个组串内8根桩的施工，桩基跨度长度方向不低于50m，宽度方向不低于20m，在综合考虑各种因素的基础上，最终选双悬吊打桩方式海工打桩船方案，具体海上光伏桩基施工装备示意图如图4.2和图4.3所示。

海上光伏桩基施工装备依托近海光伏项目，针对固定式桩基施工需求，研发一套适用于海上光伏桩基施工作业，并且具备光伏组件吊装功能的非自航船舶，在甲板面上设置2台起重机，可在沿海区域实施最大桩长30m，桩重30t的打桩作业，采

图 4.2 海上光伏桩基施工装备系泊状态示意图

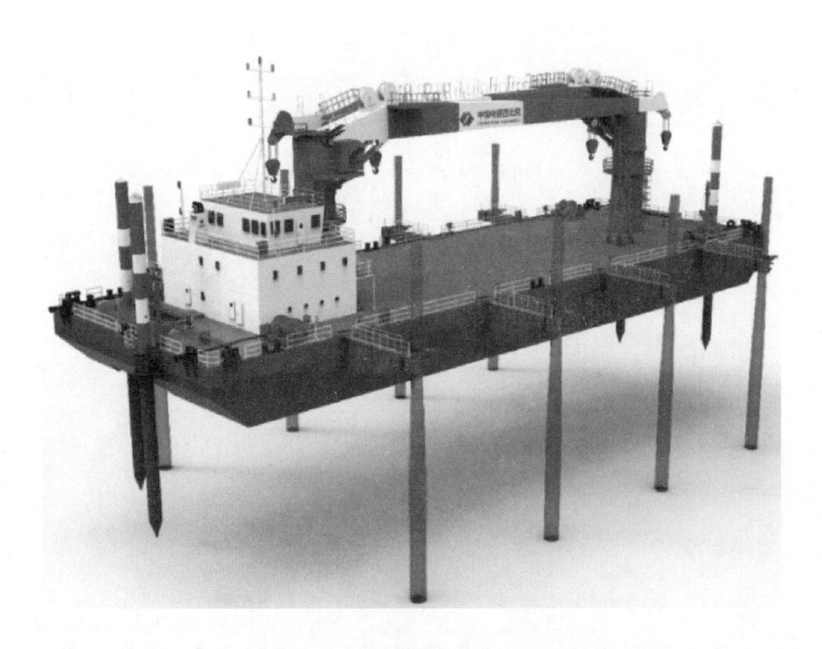

图 4.3 海上光伏桩基施工装备工作状态示意图

用 4 台绞车和 4 个定位桩定位，通过台车与锚泊系统配合，实现船舶移位。每次移船定位后，可同时满足吊机覆盖范围内的多根桩基施工。海上光伏桩基施工装备综合对比见表 4.2。

表 4.2　　海上光伏桩基施工装备综合对比表

序号	项目		传统打桩船	新型打桩船
1	参照船型			
2	特征	主尺度/(m×m×m)	长×型宽×型深：(60～120)×（20～30)×(5～8)	长×型宽×型深：66.6×22×4.5
		适用范围	海上风电桩基、港口码头桩、跨海大桥桩	小直径密集桩群
		关键配置	DP 系统、锚机、动力系统、打桩架	台车、定位桩、定位工装、双吊机
3	效率	台班效率	10～15 桩/天	40 桩/天
		移船周期	0.5～1.0h	＜0.5h
		单船位桩量	1 桩/船位	4～8 桩/船位
4	精度	实现方式	GPS/北斗	GPS/北斗＋工装
		误差范围/cm	±20	±5
		个体差异	对工人技术水平依赖度大，个体差异大	有定位工装，个体差异对精度影响小
		垂直度	能达到海洋工程放大的合格精度 1%	工装有导向定位作用，垂直度可达规范要求的 0.5%
5	智能化	船机智能化	有集控室，满足无人机舱	无动力机舱，配中央控制室，机电液一体
		施工智能化	单桩作业，无智能化模块，可加装	配智慧打桩系统，自动记录施工参数
6	自主化		能国产建造，具备一定自主化率	具备核心知识产权，自主可控

4.1.3　设计参数

海上光伏桩基施工装备设计型长为 66.6m，型宽为 22.0m，型深为 4.5m，设计吃水为 3.2m。海上光伏桩基施工设备与系统性能示意如图 4.4 所示，海上光伏桩基施工装备主尺度见表 4.3。

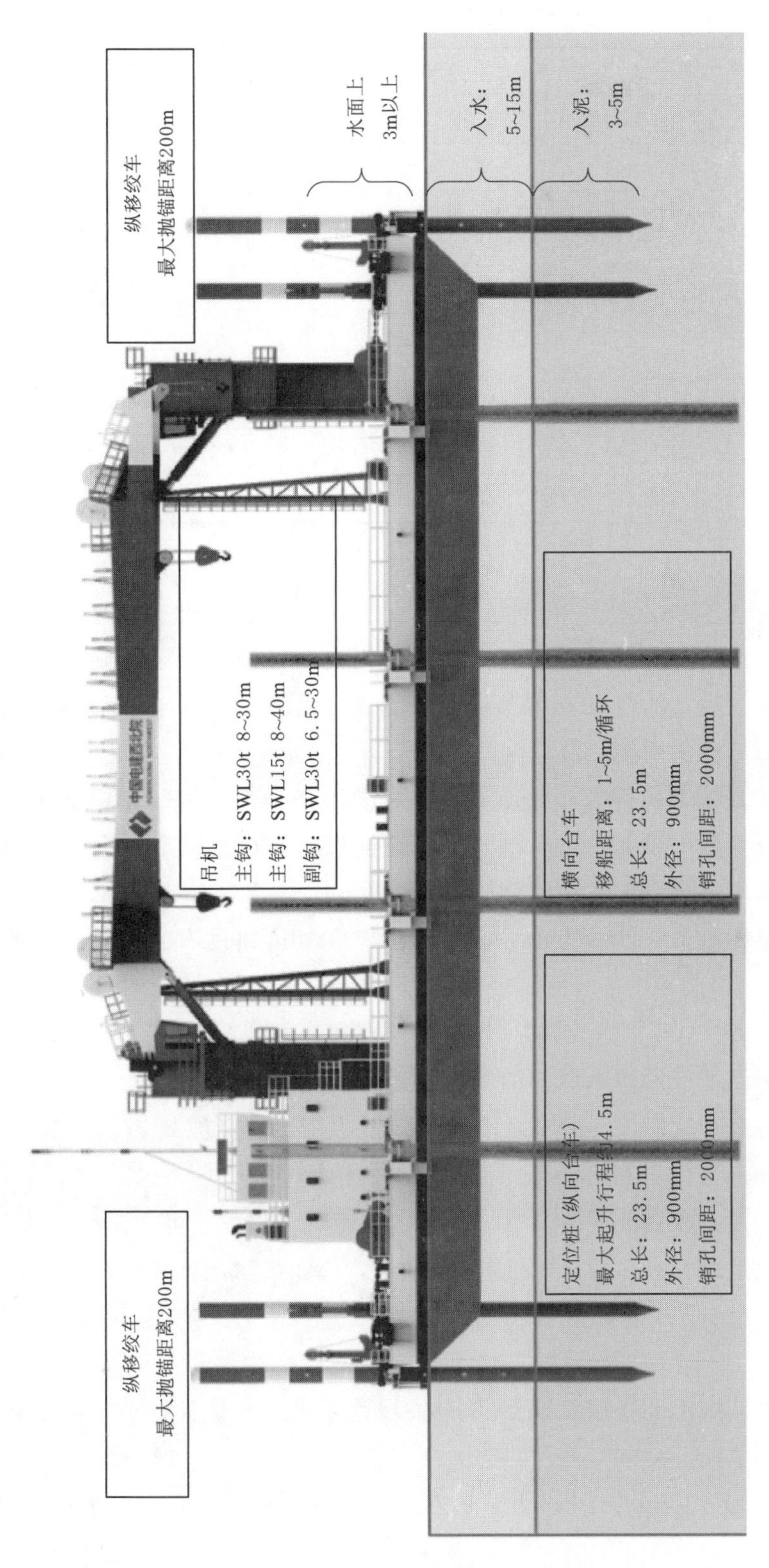

图 4.4 海上光伏桩基施工装备与系统性能示意图

表 4.3　　海上光伏桩基施工装备主尺度表

规格/名称	参　数	规格/名称	参　数
型长	66.6m	肋距	0.6m
型宽	22.0m	吊臂高度（距主甲板）	35m
型深	4.5m	吊臂放倒后高度（距设计水线）	14.5m
设计吃水	3.2m	典型桩参数	最大沉桩桩长 30m
载货量	1500t		最大沉桩桩重（单钩）30t
作业工况定员	13 人（其中船员 6 人）	吊机主钩额定负载	SWL30t（作业半径 8～30m）
拖航工况定员	0 人	吊机副钩额定负载	SWL30t（作业半径 6.5～30m）
航区	无人拖航	载货区甲板载荷	5t/m²

4.1.4　主要功能

海上光伏桩基施工装备是专为适应沿海水域光伏电池板安装基础桩基建设工程的打桩作业需要而设计的打桩专用工程船，能满足沿海水域水上工程的打桩作业要求，且能完成海上光伏网架吊装以及箱变吊装等工作。

海上光伏桩基施工装备为非自航装备，需要配备拖船 1 艘、抛锚艇 1 艘，抛锚艇配合完成抛锚作业。设备安装高精度北斗定位系统和 GPS 定位系统，能够显示船舶位置、方位角等信息，可作为调整船位的依据。

本船配起重机吊臂长度约为 40m，在回转半径 30m 时吊高为 35m、吊重为 30t。

4.1.5　适应航行及作业海况

本书研制装备适应沿海水域锚泊作业和近海航区的调遣。

（1）作业海况。在蒲氏 7 级（含 7 级）风及以下、有义波高 $H_{1/3}=1.2m$、水流速度不大于 3.0kn 条件下在沿海（内河）水域锚泊作业。

（2）调遣条件。在蒲氏 8 级（含 8 级）风及以下条件下，可在近海水域调遣。

（3）抛锚抗风海况。在蒲氏 12 级风条件下，作业区水域就地抛锚抗风。

4.1.6　入级符号

海上光伏桩基施工装备按我国 CCS 有关规范要求进行设计建造，本书研制装备入级符号为：

★CSA Pontoon Barge；Pile Driving Barge；R1（D）for Transiting and R2（D）for Operation；Lifting Appliance

入级符号解释如下：

（1）★表示船舶在建造时，CCS按照其规范进行审图和检验，且符合规范的规定。

（2）CSA表示船舶的结构与设备完全符合CCS规范的规定，且适用于无限航区航行。当有航区限制附加标志时，表示适用于该航区航行。

（3）Pontoon Barge；Pile Driving Barge；R1（D）for Transiting，R2（D）for Operation；Lifting Appliance表示入级船舶、驳船、打桩船、调遣、作业、起重设备。

4.2 主要船机设备研制

4.2.1 总体布置

海上光伏桩基施工装备为钢质、全焊接工程作业船，船体为箱型结构，圆形舭部，为单底箱型船型，主船体设2道水密纵舱壁和5道水密横舱壁。

主甲板布置锚泊设备、系泊设备、移船台车设备和甲板起重机、移船绞车4台，布置外伸臂水泥桩抱箍定位装置。

船尾设三层甲板室，分别为主甲板、居住甲板、控制甲板。

（1）主甲板甲板室设置厨房、餐厅、CO_2室、盥洗室、会议室、电工间、船员休息室（单人间）3间、排烟通道、内外梯道。

（2）居住甲板室设置船员休息室（单人间）10间、盥洗室1间、排烟通道、内外梯道等。

（3）控制室顶部设有信号桅和声光信号设备。

4.2.2 船体部分

4.2.2.1 概述

海上光伏桩基施工装备船体主要构件遵照中国船级社《钢质海船入级规范》（2022年版）的有关要求，参照规范对起重船进行设计。

海上光伏桩基施工装备为全焊接钢质非自航工程船舶，主船体设5道全通的水密横舱壁和2道贯通首、尾的水密边纵舱壁。主船体采用纵骨架式，上甲板、船底、舷侧及边纵舱壁均采用纵骨架式，强框架的间距不大于四档肋距。隔挡设置实肋板。由于主船体采用了纵骨架结构型式，因此本船具有足够的总纵强度。

上层建筑采用横骨架式。横舱壁为垂直扶强材加水平桁的横骨架结构型式。

在船体主要受力设备范围和受有集中力的构件及应力复杂区域进行强度校核并作适当的局部加强。

4.2.2.2　材料、工艺与检验

海上光伏桩基施工装备船体结构部分采用满足规范要求的船用CCSA级低碳钢，最小屈服极限为235N/mm^2（厚板满足CCS规范要求材料级别），材料的化学成分、机械性能应符合规范有关要求。少数高应力区采用屈服极限为355N/mm^{2}高强度钢。

船体的建造工作应受船级社驻厂验船师及船东监造人员监督，满足中国造船标准（2016年版）的要求。按承造厂编制的最新建造工艺进行，并需满足规范规定和设计要求，工艺需满足《中国造船质量标准》（GB/T 34000—2016）和质量规定。

选用合理的建造工艺，所有在建造中的临时开孔或通道最终都应补妥，并不应减弱结构强度和密性要求，重要部位处（如外板、横舱壁）的临时开孔或通道口应在取得验船部门同意下进行。为建造需要而设的临时支撑、眼板等完工前应全部拆除，并将焊疤批平，但为维修和检查所需的脚手架、托架、吊环等可根据承造厂的经验加以保留。

本船构件上的流水孔、通气孔、骨材通过构件处的切口以及结构节点形式按节点详图或标准《船体结构　流水孔、透水孔、通焊孔》（CB * 3184—1983），《船体结构　相贯切口与补板》（CB * 3182—1983），CB * 3181—1983系列标准施工。

船体结构钢材的切割主要用气割方法，但构件的手工割边缘不得有毛刺。对小孔如空气孔、流水孔、通焊孔等可采用钻或冲的方法。

板、杆和型材的弯曲成形采用压、滚、火工等方法。

构件的连接采用电焊焊接，焊接工艺包括坡口和焊接型式按已经过船级社认可的标准进行。根据不同情况，采用手工焊、自动焊和半自动焊。

定位焊的数量应尽量减少，防止产生应力。定位焊的质量应与完工焊缝的质量相同。

船体结构的焊接工、焊接材料、焊接质量检查等应符合中国船级社或中华人民共和国船舶检验局的有关规定。

本船为全焊接结构，应采用合理的焊接工艺和程序，以减小焊接变形和残余应力，焊接材料、施焊工艺及焊接质量应符合我国规范的有关要求。所有的钢材、型钢的切割口处必须打磨光顺，避免锐边、焊接咬口、熔渣等。所有气割等产生的钢构件自由边应光顺和/或平滑至圆角半径达2mm左右。船体结构焊缝应按船级社要求进行表面和内部质量检查，对于不允许的焊接缺陷应按船级社和船东认可的工厂有关焊接修补标准进行修补。建造过程和下水前要定期做船体变形测量，以保证船体纵中线的平直和船底的平整度符合厂标要求。船体主要焊缝除进行外观检查外，

应按我国规范的要求进行X光抽样探伤检查，并提出报告，抽样比例和部位按我国规范要求。

船体构件的焊接应按“船体结构焊接规格表”的要求进行。凡表中未包括的构件可按有关施工图样或同类构件的要求施焊。

船体各分段施工完毕在船台合拢之前应进行质量检查并记录验收，并于制造公差的检验，可参照《中国造船质量标准》（GB/T 34000—2016），也可按照船厂精度标准进行。

船体结构完工后，油漆前应按“钢质船体密性试验大纲”进行密性试验，提供密性试验报告，并取得验船师和船东监造人员的确认。液舱的密性试验和强度试验一般可在下水前一次完成，各种舱柜应用淡水进行灌水试验。

船体上部甲板室和独立的小舱柜的密性试验可用气密试验或冲水试验进行。

风雨密性试验可按照符合船级社要求的船厂惯例采用冲水试验，冲水试验只能使用淡水。

密性试验应在焊缝油漆和甲板敷料敷设前进行。

4.2.2.3 结构尺寸

各种结构材料和尺寸均满足规范要求，且需经中国船级社批准。在甲板机械基座下，桩架设备和锚泊设备等应力集中处适当结构加强。

4.2.2.4 分段建造方案

本船船体采用分段建造后合拢加工的方案进行建造。建造过程肋骨间距为600mm，纵骨间距为500mm。船体分段示意如图4.5所示。

图4.5中船体分段编号及其代表含义见表4.4。

4.2.2.5 焊接

除非特别说明，包括与外板连接在内的所有结构的焊接都为双面连续焊。在设计人员或者船级社要求的区域应采用全焊透或半焊透。

4.2.2.6 外板

本船外板厚度应满足中国船级社规范对起重船要求，在海底箱及其他开口处应设加厚板。

4.2.2.7 甲板

本船主甲板采用平焊对接，在甲板机械、系泊设备基座及桩基储运区域处进行加厚。上甲板采用纵骨架式，不大于四挡肋位设置强横梁。

4.2.2.8 舱壁

全船上甲板下设5道水密横舱壁，舱壁为垂直扶强材平面焊接结构。主船体都设2道自首至尾的水密纵舱壁，舱壁为水平纵向扶强材平面焊接结构。

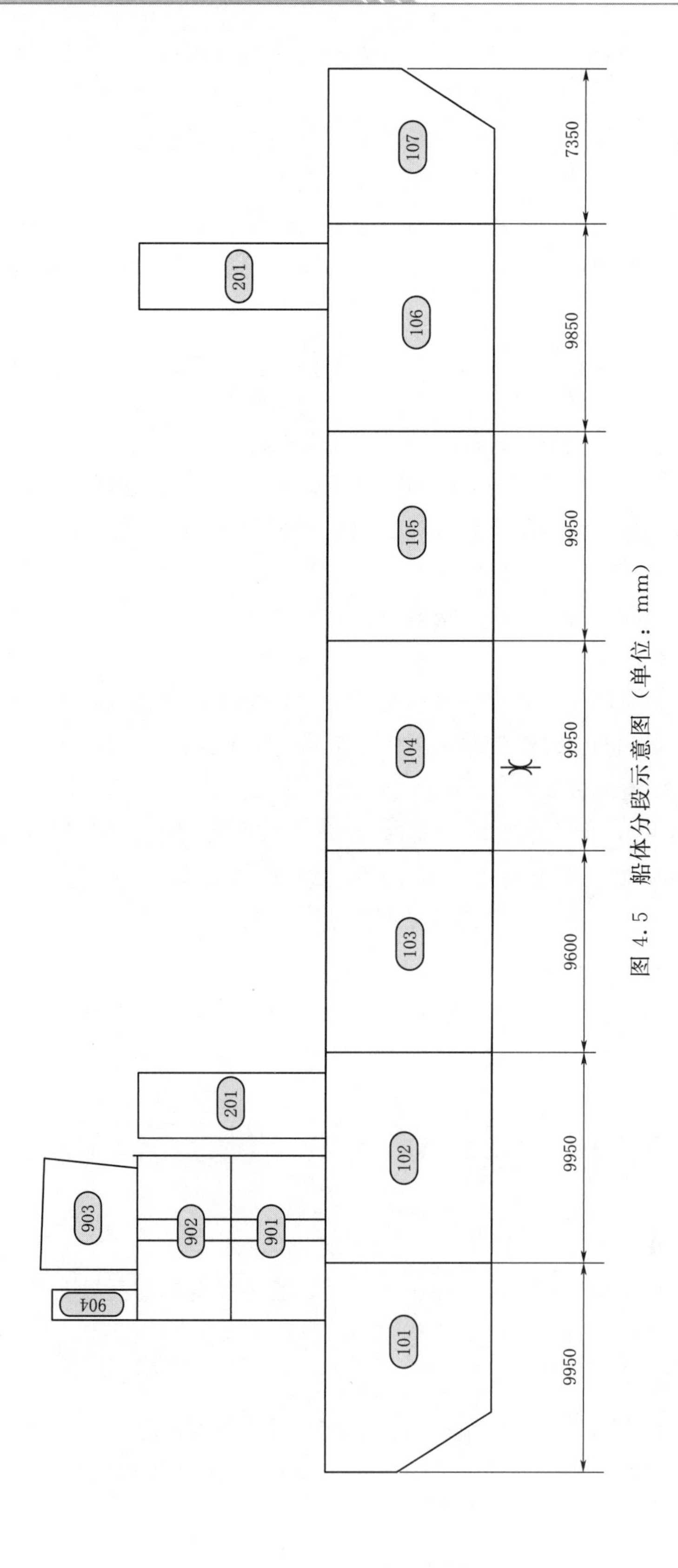

图 4.5　船体分段示意图（单位：mm）

表 4.4　　船体分段编号及其代表含义

区域	机舱		货舱					吊机		上层建筑			
分段编号	101	102	103	104	105	106	107	201	202	901	902	903	904

4.2.3 舾装部分

4.2.3.1 锚泊设备

船舶锚泊系统是一种重要的定位和稳定系统，它主要由锚、锚链、掣链器、锚链筒、锚唇、锚台、锚穴等部分组成。这些部件共同协作，使船舶能够在海上保持稳定的位置。

锚泊系统的工作原理是锚被抛入海底，锚爪会啮入海底土壤，提供锚泊力。这个锚泊力的大小取决于海底土壤的性质、锚的形状和重量，以及锚链的张力等因素。锚爪与海底土壤之间的摩擦力以及土壤的剪切强度共同构成了锚泊力的主要来源。锚链连接锚和船舶，起到传递锚泊力的作用。掣链器用于控制锚链的收放，锚链筒和锚唇等部分则提供锚链的导向和固定功能。锚链通过掣链器、锚链筒等部件进行收放和导向。当船舶受到外力作用，如风浪、潮流等，锚链会根据需要释放或收紧，以保持船舶的稳定位置。锚台和锚穴等设施提供锚泊场地和支撑结构。

本船以锚泊定位方式作为船舶施工大距离及大范围移船定位的手段，以移船台车作为精准定位调整手段。

1. 锚、绞车设备

通过舾装数计算，本船舾装数为 738.4，根据 CCS《钢质海船入级规范》3.2.2 条及船艏部设置艏锚绞车 2 台，锚绞机为电机驱动，AM2 级 Φ42mm 锚链，钢丝绳长度 400m，霍尔锚 2 只，锚重 3000kg。艏部 2 只锚为定位锚兼抗风锚。

艉部设 2 台电动定位绞车，额定拉力为 20t，钢丝绳长度 400m，锚重 3000kg。

2. 锚机及定位绞车

本船锚机及定位绞车配置如下：

(1) 定位绞车 4 台。其中艏部 2 台作为抗风锚机使用，其配置和布置应满足《钢质海船入级规范》(2022)。

(2) 艉部设 2 台移船绞车，艏部设 2 台移船绞车。

(3) 绞车为电动绞车，每台绞车电机功率为 55kW。

(4) 移船绞车的卷筒控制方式为就地机旁控制＋遥控，可在控制室里遥控实现船舶的移位和定位。

移船绞车技术参数见表 4.5。

表 4.5　　移船绞车技术参数表

名　称	参　数
卷筒负载（第4层）	200kN
公称速度（第4层）	10m/min
轻载速度（第4层）	18m/min
支持负载（第1层）	840kN（其中船艉2台420kN）
钢索直径	42mm（其破断负荷最小1050kN）
卷筒离合器	手动
控制方式	机旁＋远程
电机	65kW变频电机，7级
容绳量	400m（共7层）
出绳方向	下出绳
排缆器	有
边卷筒	有
卷筒液压制动器工作压力	≥5MPa

3. 锚机及定位绞车的特点

(1) 绞车带公共底座、单电机、单边卷筒结构。要求结构紧凑、传动平稳、承载能力大、安全可靠、维护保养方便，所有移船绞车出绳方向为下出绳。

(2) 绞车卷筒为光卷筒形式，绞车配置带式制动器安装在卷筒上，采用油缸带式刹车，刹车油缸内部在刹紧方向的油腔内安装有刹车弹簧，刹车装置为常闭式，弹簧制动，油压释放。

(3) 排绳装置采用螺旋杆导绳形式，由卷筒带动链轮直接驱动。螺杆设手动调整盘，以便更换钢丝绳或检修时调整时使用。

(4) 绞车主要件包含一级齿轮、卷筒轴装置、常闭液压刹车装置、牙嵌式离合器装置、排绳器装置等装于机架上。

(5) 艏部及艉部绞车各布置1套刹车液压泵站，每套泵站负责2台绞车刹车动力源。泵站采用单电机泵组，每台泵站的容量满足2台绞车全负载使用。

(6) 控制系统。绞车的控制方式为机旁控制和集中控制室遥控，机旁控制和集中控制室遥控具有互锁功能。机旁和集中控制室的操作手柄可对绞车的转向、速度进行控制；液压制动器位于自动挡时，当操作手柄置于中位或绞车无动力时，制动器自动刹车；当操作手柄偏离中位时，制动器自动打开。控制系统电气装置由变频柜、电阻箱、机旁控制台、信号采集组成。控制系统动作说明见表4.6。锚泊控制系统控制方式及技术特点见表4.7。

表 4.6 控制系统动作说明

类　型	操作技术要点
远程动作	4 台绞车的单独操作手柄（自复位），4 台绞车的联动手柄（自复位）
联动动作	船艏 2 台和船艉 2 台同时收放，艏收—艉放或艏放—艉收

表 4.7 锚泊控制系统控制方式及技术特点

控制方式	技术特点
机旁控制	操作手柄（自复位）
	卷筒液压制动器打开/自动/制动按钮及状态指示灯，3 个动作（打开/联动/制动）
	绳长显示
	拉力显示
	应急停止按钮（带防护罩）
	控制位置指示灯
	综合故障报警
	防护等级 IP56
集中控制室遥控	4 个单独操作手柄（自复位）和 1 个 4 台联动手柄
	收放选择旋钮：2 台船艏、2 台船艉液压泵站启/停按钮及状态指示灯
	卷筒液压制动器自动按钮及状态指示灯
	4 台绞车绳长显示
	4 台绞车拉力显示
	应急停止按钮（带防护罩）
	故障分项声光报警，包括电机断相、过载、高油温、低液位、滤器阻塞等

本装备配备的锚泊系统配置如图 4.6 所示。

4. 锚泊系统液压泵站

本船艏部和艉部各布置 1 套泵站，每套泵站负责 2 台绞车刹车动力源，每套泵站的容量满足 2 台绞车刹车使用，泵站主要由电机、联轴器、泵、安全阀、过滤器、空气滤除器、油位、油温开关、电控箱、压力表、油箱、底座等组成。电控箱面板上有电源指示、启停按钮、电流表等，并具有电机超载、油箱低油位、高温、滤器堵塞报警指示等。

5. 锚泊系统分析

海上光伏桩基施工装备（打桩船）在水深 15m、蒲氏 12 级风、波高 2.0m、流速 4.5kn 的海况条件下应能安全抛锚抗风；能在蒲氏 7 级（含 7 级）及以下、有义波高 $H_{1/3}$=1.2m、水流速度≤3.0kn 条件下在沿海（内河）水域锚泊作业，选取多

（a）锚机(四角对称)

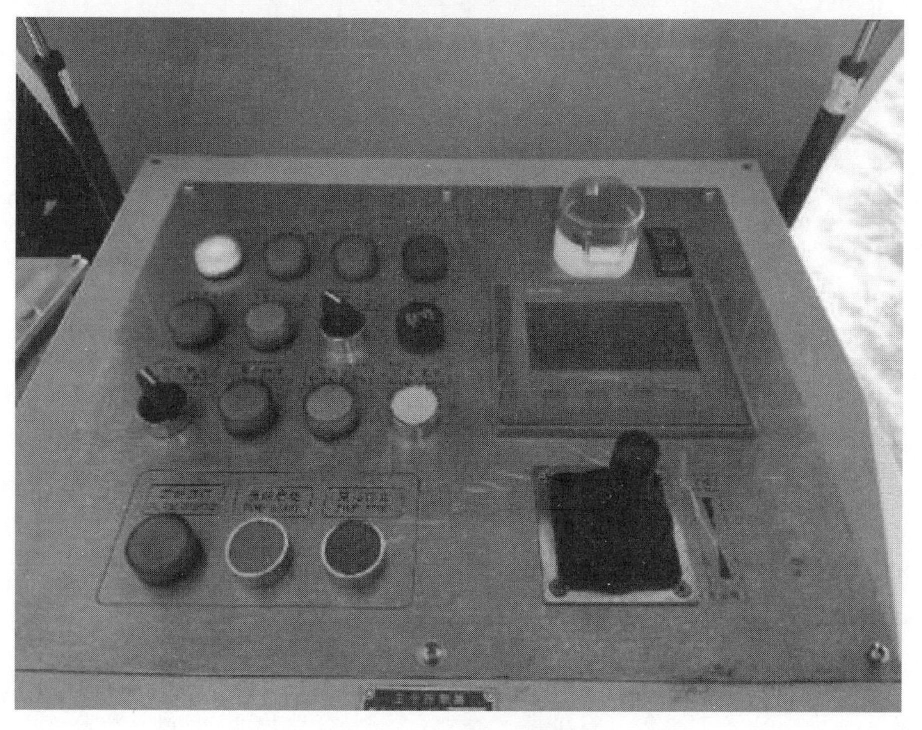

（b）锚机主令开关(四角对称)

图 4.6（一）　锚泊系统配置

（c）锚机刹车泵站（艏艉各有一个）

（d）锚机变频启动柜（位于机舱）

图 4.6（二）　锚泊系统配置

（e）控制室锚机操作面板

（f）锚机绳长和拉力传感器

图4.6（三） 锚泊系统配置

个具有代表性的海况（表4.8）对海上光伏桩基施工装备（打桩船）锚泊方式进行了分析，表4.9为锚泊参数表。

表4.8 海况参数

海况	风级/风速/(m/s)	波浪周期/s	水流速度/(m/s)
海况1	12/32	8	2
海况2	12/32	10	2
海况3	12/32	12	2
海况4	7/13	5	1.5
海况5	7/13	6	1.5
海况6	7/13	7	1.5

表4.9 锚泊参数

参数	平行锚泊	辐射锚泊
单位长度质量/(kg/m)	45	45
刚度/N	1.6456×10^{8}	1.6456×10^{8}
最小破断力/N	3.3×10^{6}	3.3×10^{6}
直径/mm	36	36
总长/抛出锚链长/m	400/172	400/395
锚类型	德尔塔锚	德尔塔锚
质量/kg	3000	3000
抓力系数	3～4	3～4

海上光伏桩基施工装备（打桩船）不同锚泊方式示意图如图4.7和图4.8所示。

对以辐射锚泊方式进行作业的打桩船施加常规环境条件，海况为4、5、6。计算锚泊系统在不同锚泊方式下的锚链张力和海底卧链长度，选取部分时间序列绘制得到结果，图4.9所示为辐射锚泊系统时域响应曲线。

在两点平行锚泊抛锚的抗风工况下，打桩船作业所允许的最大环境条件依海况而定，分别处于海况1、海况2以及海况3这三个等级标准下。在此情形中，锚泊系统的校核工作至关重要，其中锚链张力最大值与卧链长度最小值属于关键参数。针对每次模拟计算所获取的这两个参数数据，均会严谨细致地进行统计梳理，并汇总制成相应的数据表格以便清晰查阅、深入分析，进而开展精准校核工作。与此同时，通过专业模拟运算绘制出的图4.10直观展现了两点平行锚泊系统的时域响应曲线，为全面掌握锚泊系统在不同时段下的动态表现、精准评估其性能优劣提供了可视化依据与有力支撑。

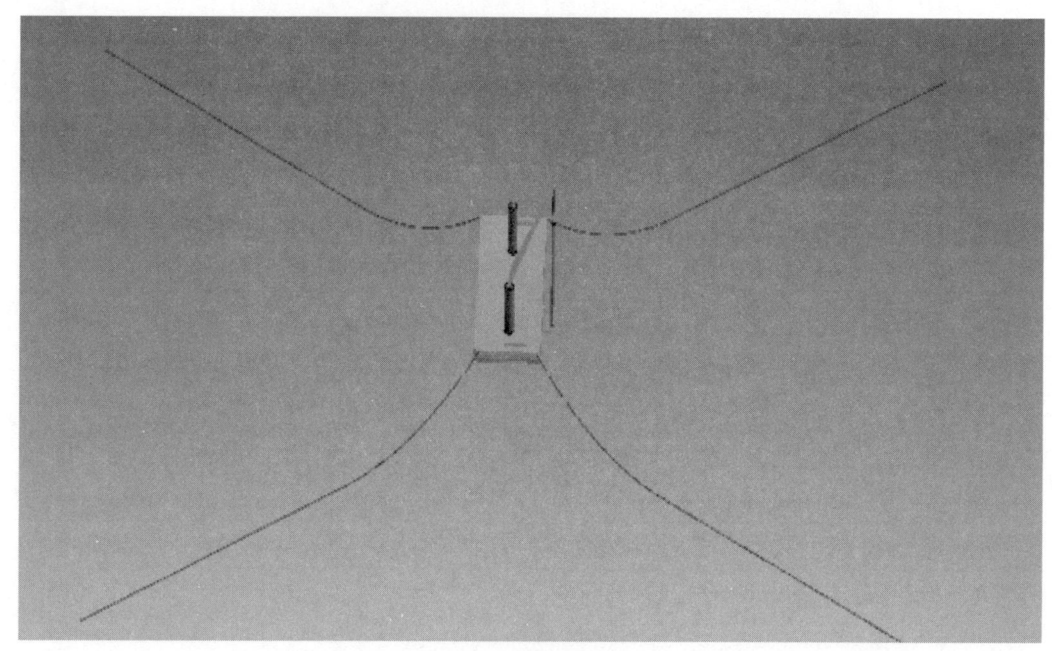

（a）大角度锚泊方案

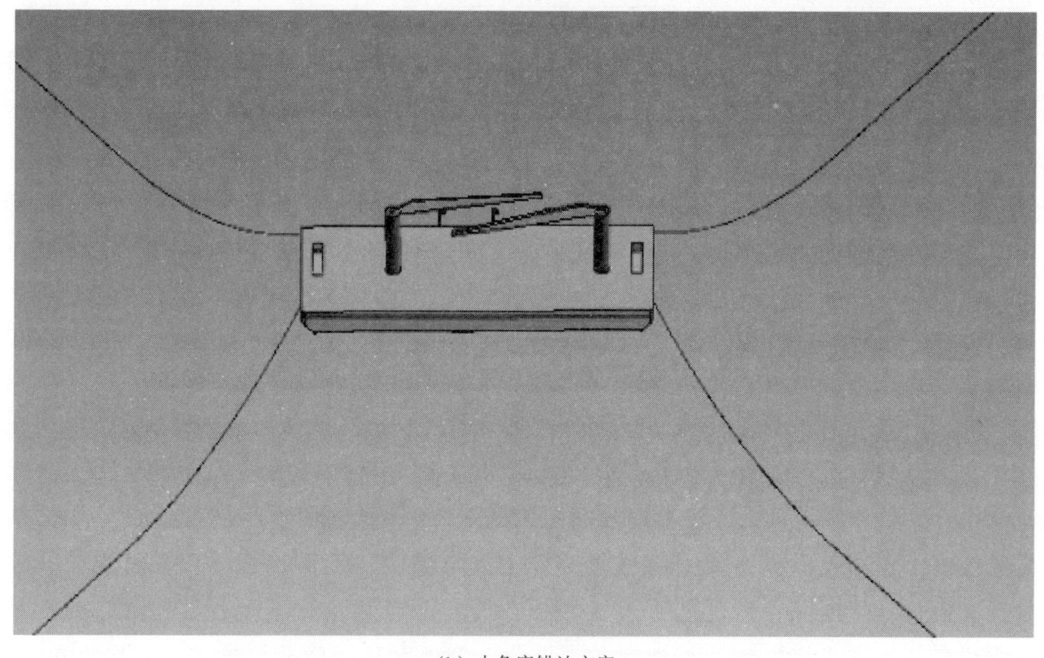

（b）小角度锚泊方案

图 4.7　辐射锚泊

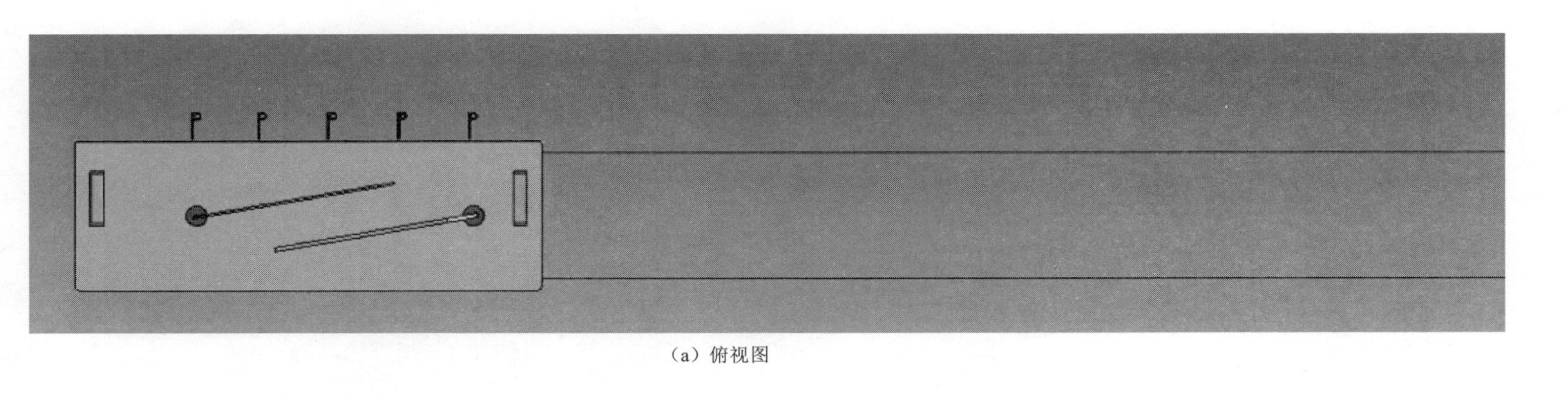

(a) 俯视图

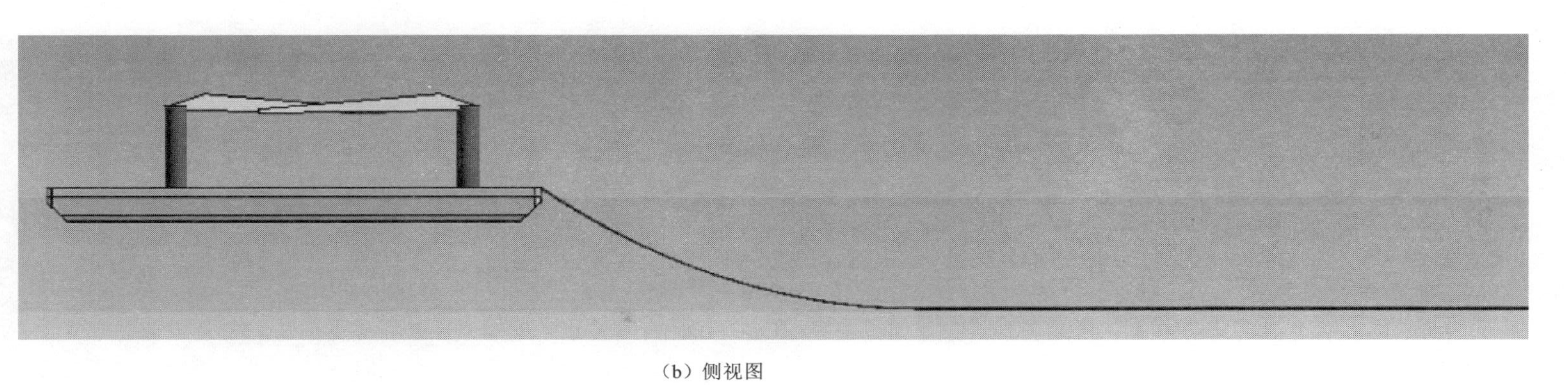

(b) 侧视图

图 4.8 平行锚泊

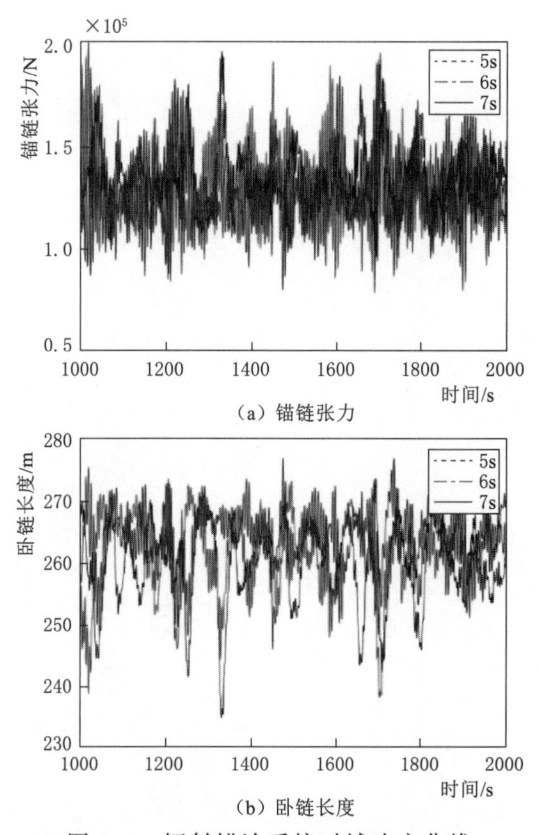

（a）锚链张力

（b）卧链长度

图 4.9　辐射锚泊系统时域响应曲线

不同工况下两点平行锚泊方式和辐射锚泊方式锚泊系统响应统计见表 4.10。

表 4.10　不同工况下两种锚泊系统响应统计表

参　　数	两点平行锚泊	辐射锚泊
T_{max}/kN	131	201
$T_{许用值}$/kN	723	723
l_{min}/m	86	230
H_{anchor}/kN	126	192
$P_{许用值}$/kN	142	235
是否安全	是	是

从表 4.10 中可以得出，锚链张力计算值都是小于许用值的，两种锚泊方式下锚受到的水平力都小于锚系留力许用值，是安全的。在对锚链张力和锚系留力这两个参数校核的前提下，可以得出锚泊系统在给定的海洋环境波浪周期中能够安全抛锚定位。

4.2.3.2　系泊设备

1. 拖索、系泊索

本船拖索、系泊索、移船绞车缆绳配置见表 4.11。

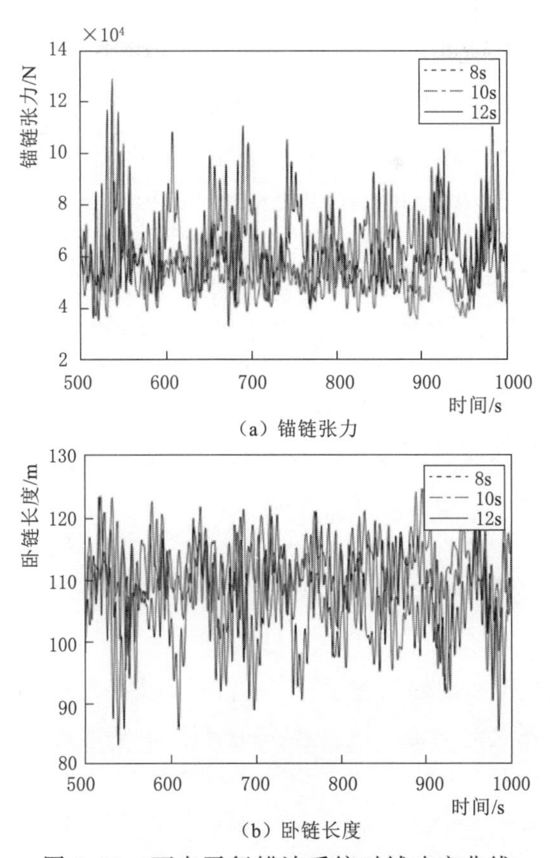

(a) 锚链张力

(b) 卧链长度

图 4.10 两点平行锚泊系统时域响应曲线

表 4.11 拖索、系泊索、移船绞车缆绳配置表

名称	数量	规格型号
拖索	1 根	Φ60mm 丙纶长丝绳
		长度 190m
		破断负荷 441kN（实际选用 460kN）
系泊索	4 根	Φ40mm 丙纶长丝绳
		长度 170m
		破断负荷 221kN
移船绞车缆绳	8 根	镀锌钢丝绳
		直径 Φ42mm
		长度 400m
		破断负荷 1050kN
		每根配 AM2 Φ42mm 锚端连接锚链 1 根，长度为 12.5m

2. 系泊属具

本船系泊属具配置见表4.12。

表4.12　系泊属具配置表

名　称	规格型号	数量	特　点
带缆桩	A400，GB 554—2008	8只	钢质焊接结构
羊角单滚轮导缆器	CB＊436—2000	4只	铸钢，非标产品（与钢丝绳配套使用）
四滚柱导缆器		8只	按船东使用习惯配的非标产品

3. 拖航

本船艏部左、右舷各设置2只拖航眼板，为快速脱缆式；并配套导缆孔及1套拖航索具，拖航索具包括拖航三角板、龙须缆、短缆、防磨短链、卸扣等；配应急拖缆及索具1套；另配回收缆及导缆孔1套。

系泊及拖航永久标注安全工作负荷。

4.2.3.3 甲板起重机

1. 起重机结构

本船在甲板的艏艉部位各精心配置了一台液压回转式起重机，这两台性能卓越的起重机具备多元且强大的功能，既能够高效承担桩基吊运、精准喂桩的重任，还可直接开展打桩施工作业，极大拓展了船舶在工程作业中的实操范畴与效能。值得一提的是，两台起重机均为右机设计，其驾驶室布局于右侧，朝向吊臂方向，如此设计契合人机工程学原理，方便操作人员精准把控作业流程、实时监控施工动态。

从构造层面剖析，吊机整体架构明晰且稳固，主要涵盖底座、塔身、吊臂以及驾驶室四大核心组成部分。其一，底座呈圆柱形筒体形态，与船体结构塔筒以焊接工艺紧密相连，仿若坚实“根基”，其高度不低于2m，具体的精确尺寸则严格依照认可图予以最终确定，以此确保结构稳定性与适配性达到最优。其二，塔身巧妙融合油箱功能，以二合一的创新箱式结构呈现，借助回转支承与底座无缝衔接，达成灵活转动、稳固支撑的协同效果，既节省空间又保障运转流畅。其三，吊臂采用高品质板材经精密焊接制成箱型结构，这种设计在保障强度的同时，兼顾轻量化与力学合理性，能有效应对复杂工况下的吊运、打桩等作业受力需求。其四，驾驶室稳固定于塔身之上，并贴心设有便捷的人员上下进出通道，为操作人员日常登乘、紧急撤离筑牢安全路径。

尤为亮眼的是，本装备突破传统打桩船单一依靠单吊机或桩架开展打桩作业的固有局限，创新性地将艏艉双钩双吊机设定为核心施工装备。凭借独特的悬吊打桩作业方式，双机可同步针对两个光伏桩基开展施工作业，如同为桩基施工按下“快进键”，使施工效率实现质的飞跃。特别是当艏艉两台超大功率全回转双勾双吊机协同运作时，每台吊机自身就具备独立完成起吊、喂桩、打桩全流程作业的卓越能力，两者默契配合，理论上打桩效率相较传统打桩船至少可提升 1 倍，彰显出强大的作业优势与效能提升潜力。

在船舶布局上，两台全回转双钩吊机分别精准安装于船艉 FR95 肋位以及船艏 FR29 肋位附近，详细位置可参照图 4.11，科学合理的布局确保双机在作业过程中能够保持良好的力学平衡、作业协同性与操作便利性，全方位保障施工高效、有序推进。

图 4.11　艏艉两台全回转双钩吊机示意图

2. 起重机技术参数

装备搭载的单个双钩吊机臂展跨度可延伸至 40m，在这一作业半径下，全展幅状态时具备高达 15t 的起重能力。在实际打桩作业进程中，本装备运用全回转双钩吊机悬挂打桩锤的悬打作业模式，在该作业模式下，设备的适用性主要受制于起重高度与起重能力两大关键要素，只要精准把控这两项指标参数，便能确保设备稳定、高效运行，灵活应对各类复杂工况。

尽管当下桩基设计领域正大步迈向超大跨度的新趋势，工程需求愈发严苛，但本装备凭借 40m 的臂展范围，无论是纵向排列还是横向分布的桩距均可被其覆盖，契合现阶段及未来一段时期内的桩基施工布局需求，可为项目高效推进筑牢根基。

全回转双钩吊机更为详尽、精准的各项参数见表 4.13。

表 4.13　　全回转双钩吊机参数

<table>
<tr><td colspan="2">规格/名称</td><td colspan="3">技　术　参　数</td></tr>
<tr><td colspan="2">数量</td><td colspan="3">2 台（套）</td></tr>
<tr><td colspan="2">设计工况</td><td colspan="3">三级海况</td></tr>
<tr><td colspan="2">设计温度</td><td colspan="3">－20℃</td></tr>
<tr><td colspan="2"></td><td colspan="2">主钩</td><td>副钩</td></tr>
<tr><td colspan="2">额定负载</td><td>30t</td><td>15t</td><td>30t</td></tr>
<tr><td colspan="2">最大工作半径</td><td>30m</td><td>40m</td><td>30m</td></tr>
<tr><td colspan="2">最小工作半径</td><td colspan="2">8m</td><td>6.5m</td></tr>
<tr><td colspan="2">起升速度（安全工作负荷）</td><td colspan="3">20m/min</td></tr>
<tr><td colspan="2">起升速度（0.4 倍安全工作负荷）</td><td colspan="3">40m/min</td></tr>
<tr><td colspan="2">起升高度</td><td colspan="3">45m</td></tr>
<tr><td colspan="2">回转速度（空载）</td><td colspan="3">0～0.7r/min</td></tr>
<tr><td colspan="2">变幅时间（空载）</td><td colspan="3">120s</td></tr>
<tr><td colspan="2">回转范围</td><td colspan="3">360°（全回转）</td></tr>
<tr><td colspan="2">最大允许倾斜角度</td><td colspan="3">6°/3°</td></tr>
<tr><td rowspan="7">电机参数</td><td>型号</td><td colspan="3">Y315H－4－H（2 台）</td></tr>
<tr><td>功率</td><td colspan="3">330kW（2×165kW）</td></tr>
<tr><td>电制</td><td colspan="3">380V/50Hz/3FH</td></tr>
<tr><td>工作制</td><td colspan="3">S6－40%</td></tr>
<tr><td>启动方式</td><td colspan="3">软启动</td></tr>
<tr><td>防护等级</td><td colspan="3">IP56</td></tr>
<tr><td>绝缘等级</td><td colspan="3">F</td></tr>
</table>

双钩吊机起重机负荷曲线如图 4.12 所示。

3. 吊机基本要求

在各类复杂工况下高效运作的吊机，肩负着精准吊运重物、保障作业流程安全顺畅的重任，因而需全方位契合严苛的基础要求与卓越性能标准。

（1）强劲且稳定的吊重实力。吊机处于工作状态时，其主钩在 30m 作业高度下，具备单独吊重 30t 的能力，举升效能与力学稳定性好；与之相匹配的是，副钩可独立吊起 30t 重物，灵活应对不同类型、位置的吊运任务。当双钩协同开展联合

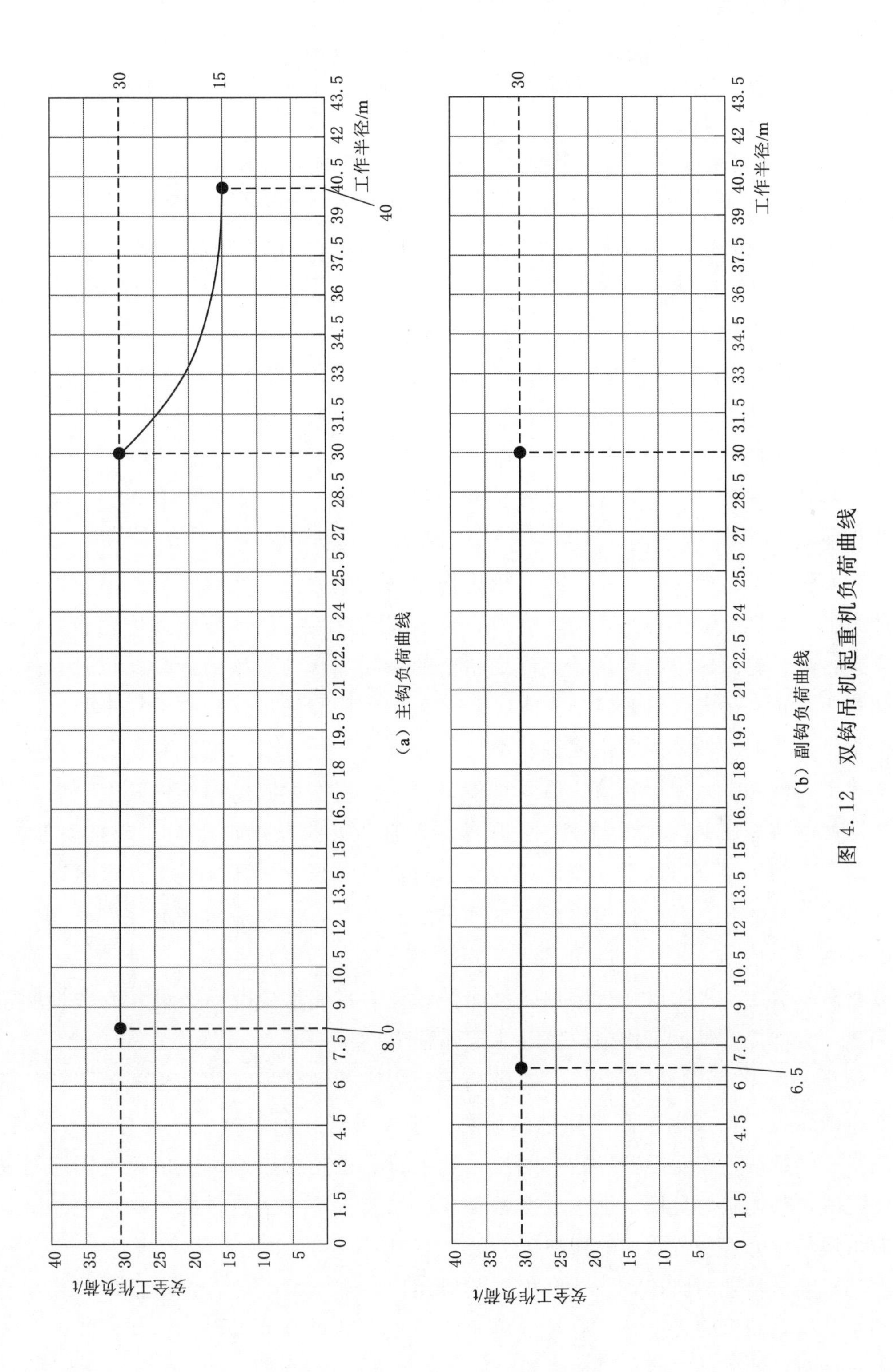

（a）主钩负荷曲线

（b）副钩负荷曲线

图 4.12 双钩吊机起重机负荷曲线

作业时，整体吊重能力仍能稳健维持在 30t 水平，这种配置既能适配对单一大型物件的高效吊运场景，精准把控吊运节奏与姿态，又可满足复杂作业环境下多点、多元重物同步协同处理诉求，极大拓展了吊机的实操应用边界与工况适配范畴。

(2) 便捷精准的操控体验。

1) 登乘与座舱设计。为保障操作人员顺畅、高效地开展作业，吊机配备现代化、符合人体工程学的驾驶室，内部操控布局科学合理、简洁直观，各类仪表、按钮触手可及，有效降低操作疲劳感。同时，外部设置稳固且便捷的梯子，其踏步间距、扶手高度均严格遵循安全规范，为操作人员构建起安全、舒适的进出通道，在登乘环节充分考虑了人员作业的便利性与安全性。

2) 多元操控模式。主钩与副钩操控系统具备独立操控与联动操作的双重模式。操作人员既可依据吊运任务的具体特性，对主钩或副钩实施精准操控，灵活应对如单件精密设备的装卸、特殊物料的定点放置等场景；也能在面对复杂大型构件组装、批量物料快速转移等工况时无缝切换至联动操作模式，实现双钩默契协同，契合多样化作业需求。

(3) 稳固可靠的起升体系。起升机构作为吊机核心传动链路，集成了一系列高性能组件。高性能液压马达作为动力源，凭借充足且稳定的液压驱动力输出，驱动内置式行星齿轮减速机高效运转，借助精密的齿轮啮合与巧妙的传动比设计，平稳转化扭矩，精准适配卷筒的转动需求。卷筒采用优质高强度钢材打造，具备出色的卷绕平整度与耐磨性，协同优质钢丝绳，保障重物平稳升降。片式制动器制动响应迅捷灵敏，能在瞬间锁止卷筒，稳固悬停重物。特别增设液压操作失效安全刹车装置，即便遭遇液压系统突发故障、失压等极端状况，机械制动机制即刻自动补位，强力制动，为吊运全程筑牢安全防线。在钢丝绳管理层面，严守安全冗余规范，当钢丝绳完全释放时，系统会预留至少 5 圈的安全绳长，有效应对诸如突发晃动、意外过载等紧急情况。此外，选用镀锌非旋转钢丝绳，经特殊镀锌工艺处理，表面形成致密防护镀层，极大增强抗磨损、耐腐蚀性能，且凭借独特结构设计有效抑制扭转趋势，全面提升吊运工作中的稳定性与可靠性。

(4) 平稳高效的变幅机制。变幅机构采用先进的液压油缸驱动型式，依托精准的液压油压力调控技术与高品质油缸组件，确保吊臂在伸缩过程中动作平稳顺滑。无论是在精细调整作业半径以精准对接吊运点位，还是在快速切换吊运范围应对复杂工况时，都能高效且稳定地达成变幅需求，切实保障吊运路径的精准可控性，契合对吊运精度有着严苛要求的精细化工况。

(5) 灵活精准的回转效能。吊机搭载船用回转支承这一核心枢纽部件，其齿轮与密封结构采用内藏式设计，有效隔绝水溅、灰尘颗粒等外界侵扰因素，确保内部精密传动组件始终处于清洁、稳定的运行环境。回转机构由液压马达、行星减速机、小齿轮等关键部件协同组成高效传动链路，液压马达输出强劲扭矩，经行星减速机优化调整后，驱动小齿轮精准啮合回转支承齿轮，带动吊机主体实现 360°全方位灵活回转，定位精准、响应迅捷，可在复杂多方位吊运场景切换中满足各类作业方向调整需求。

（6）明晰直观的吊臂指引。吊臂严格遵循厂家高标准制造工艺与质量管控体系，其结构稳固、力学性能好。在吊臂侧面醒目位置安装角度指示器与安全负载指示牌，可实时、直观地反馈吊臂当前姿态角度以及承载重物的安全负载状态关键信息，辅助操作人员在吊运全程精准把控操作尺度，及时规避超载、违规操作等潜在安全风险，确保吊运作业规范、有序开展。

（7）智能守护的限位防护。为杜绝吊钩在起升过程中因过度升降引发的碰撞、脱钩等严重安全隐患，吊钩在起升路径的上、下极限位置均设置自动停止限位开关。该限位开关依托先进传感技术与可靠控制逻辑，一旦吊钩触及预设的上、下临界点位，便能瞬间触发制动指令，精准、果断地自动停止吊钩升降动作，以保障吊运过程平稳、安全、有序。

（8）安全规范的电气保障。吊机配备独立专属的电控箱，由不锈钢材质打造，防护等级为 IP56，可抵御水溅、灰尘侵袭以及恶劣环境腐蚀。电控箱内部标配操控指示与监控组件：电机运转指示灯实时反馈电机工作状态，电源指示灯清晰展示电源通断情况，搭配电机启动/停止按钮、电流表、电压表，操作人员可精准掌控电气运行参数与设备启停操作；醒目安置的紧急停止按钮，危急时刻可一键制动；增设的加热器手动/自动转换开关及指示可灵活适配复杂温、湿度环境变化。与之相匹配的是，选用船用、无烟、低卤、阻燃型电缆，从电源接入端到设备信号传输链路，确保电气系统运行安全可靠、信号传输稳定高效。

（9）稳定适配的液压动力。吊机依托防护等级为 IP56、绝缘等级为 F 的船用电动机作为电动液压系统的动力，采用软启动方式柔和开启作业流程，有效削减启动瞬间冲击电流，延长设备使用寿命。配套的空间加热器可从容应对潮湿、低温等恶劣工况，确保液压系统始终处于稳定运行状态。液压系统采用开式结构设计，各条独立油路依据预设压力分配逻辑建立对应的压力油供给响应回路，高效驱动执行机构开展吊运动作。同时，每个液压循环均配备可依据吊机实时负荷动态灵活调整预设压力的液压压力限定装置，精准适配不同吊运任务负载变化，保障液压系统稳定运行。

（10）科学合理的整体布局。吊机在甲板区域的布置规划需秉持科学布局、安全至上原则，避开甲板室、信号桅等既有设施，预留充足、开阔且安全畅通的作业空间。既确保吊机自身在吊运全流程中动作舒展、不受阻碍，又有效规避与周边设施发生碰撞、干扰等潜在风险，全方位保障作业空间的安全与畅通无阻，为高效、有序开展吊运作业奠定坚实基础。

4. 双机悬吊功能

本海上光伏桩基施工专用装备搭载艏艉双钩双吊机系统，在整体施工作业流程中发挥核心驱动作用，涵盖运桩、喂桩以及打桩等关键工序，各环节紧密衔接、高效协同。

（1）运桩作业流程。本海上光伏桩基施工装备的船体主甲板设有临时存桩区，可存放 64 根桩基，以满足施工阶段性用桩需求。施工期间，双钩吊机操控灵活精准，能直接从甲板存桩区取桩。当存桩量临近耗尽时，需开展补桩作业以保障施工连贯性，具体流程如下：

1）运输调配环节。启用专业运桩船，将所需桩基运送至装备作业半径内，提供物资补给。

2）作业空间调整。调度拖轮拖曳打桩船移出作业核心区，为补桩作业腾出安全操作空间，便于后续桩基转运。

3）双机转运安置。利用双机悬吊功能，两台吊机协同作业，精准抓取运桩船上的桩基，平稳吊运并准确落位至甲板存桩区。

4）复位续工作业。借助拖轮推顶打桩船回至近似初始作业位置，衔接后续施工流程。

（2）喂桩作业流程。为确保海上光伏桩基施工质量，本装备在船体两侧布置 4～8 组舷侧定位工装，每组工装端部设抱桩器，与桩基一一对应。基于双机悬吊机构的喂桩流程如下：

1）桩基起吊就位。船上两台吊车依操作规范同步作业，起吊桩基并精准放置于抱桩器上，完成初步定位。

2）桩体稳定锁定。桩体下沉至海底稳定后，立即启动抱桩器锁定，稳固桩体位置与姿态，为打桩做准备。

3）船舶浮态调整。通过船上吃水测量装置与横倾仪监测数据调整船舶姿态至近似零纵倾、零横倾状态，避免对打桩精度产生负面影响。

（3）打桩作业流程。本装备在船体两侧设打桩锤支架，非作业时放置打桩锤。打桩作业流程如下：

1）锤桩衔接。吊机将打桩锤吊运并准确落置于桩基顶部，完成锤桩对接。

2）桩心定位校准。启用激光定位装置，以高精度光束投射与识别技术对桩心进行毫米级定位，确定打桩方向。

3）锤击入土操作。打桩锤按预设参数锤击桩基，直至达到设计标高，形成稳固桩基。

4）垂直度监控环节。抱桩器与激光对准装置协同，全程监测桩心对正度，保证桩体入土垂直，符合施工精度要求。

5. 打桩作业效率分析

本海上光伏桩基施工装备兼具打桩与光伏组件整体吊装功能，采用步退式作业方式，契合海上桩基施工场地特性。

从作业布局看，单个船位可覆盖4～8根桩，单次抛锚作业半径为60～80m，在约10m跨度的桩基场地能实现5～6次移船不移锚，单次移船约0.5h，全天累计移船时间约2.5h，减少非打桩耗时。

在工时利用上，理想海况下按10h×2班工作制，扣除移船、备料等辅助作业与休息时间后，日均有效打桩时间为7h×2班。基于成熟工艺，在桩帽预制安装、竖桩就位等前置工序完备时，单根桩基打桩耗时40～50min，理论日均可成桩40根，相关数据在表4.14中有详细记录，凸显该装备在海上光伏桩基施工的效能优势。

表4.14　海上光伏桩基施工系统与装备打桩用时统计表

工作制度	每班工作时长	移船、备料时间	休息时间	每班有效工作时长	打桩时长	每天打桩效率
2班/天	10h	2.5h/天	0.5h	7h	40～50min/桩	40桩/天

4.2.3.4 定位桩系统

本船采用固定式定位桩和移动台车式定位桩相结合的方式，在海上光伏桩基施工装备（打桩船）艏艉各设置1套固定式定位桩和移动台车式定位桩，如图4.13所示。实现海上光伏桩基施工装备（打桩船）横向的快速精准定位，其移船效率比传统打桩船提高2～4倍，定位精度比传统打桩船提高2～4倍。

艏艉台车定位桩系统在移船作业完成后，通过艏艉各自独立配置的固定定位桩，协同已完成抛出（收绞）操作、可提供张力的锚机，使船舶进入“四桩＋四锚”的定位状态。与传统打桩船单纯采用四锚或八锚定位模式相比，该状态对船舶的自由度形成更强约束，显著提升船舶在作业期间的稳定性。

本船装备有防横倾系统，其过流能力达200m³/h，具备自动运行机制。当船舶横倾角超3°时自动启动，待横倾角小于1°时停止运行，最大保护角为5°。

借助“四桩＋四锚”定位模式与防横倾系统协同运作，船舶稳定性得以有效强化，抗风浪能力显著提高。经实地测试验证，在蒲氏7级（含7级）及以下，对应有义波高$H_{1/3}$为1.2m且水流速度不超3.0kn的情形下，本装备可于沿海（内河）水域执行锚泊作业；在蒲氏8级（含8级）及以下时，能够在近海水域开展调遣作业；在蒲氏12级且水流速度不高于4.5kn条件下，可在作业区水域就地抛锚抵御风浪。

图4.14所示为海上光伏桩基施工装备（打桩船）综合控制系统在船体上的配置示意图。

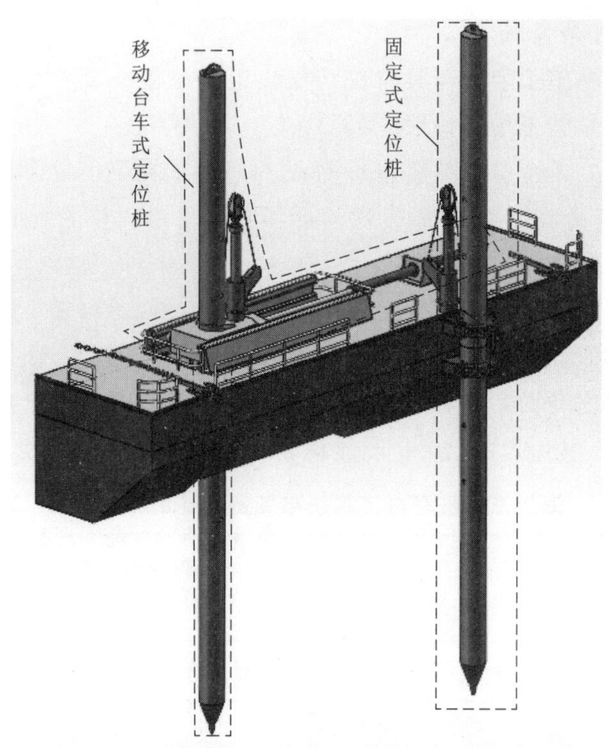

图 4.13　定位桩系统图

（a）艏部综合控制箱

图 4.14（一）　海上光伏桩基施工装备（打桩船）综合控制系统在船体上的配置示意图

（b）艉部综合控制箱

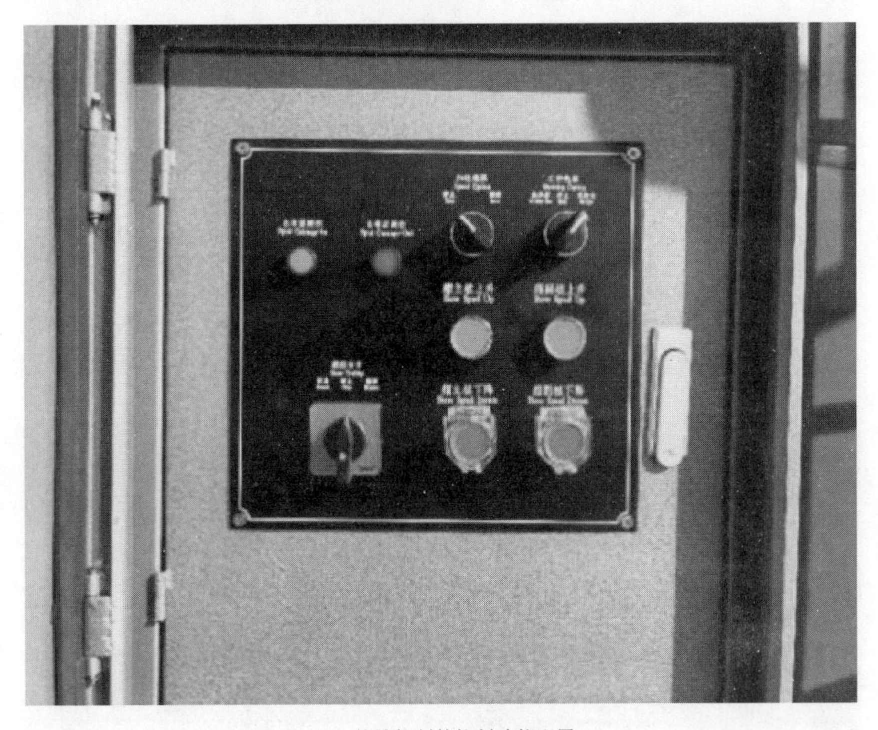

（c）就地控制箱控制功能配置

图 4.14（二） 海上光伏桩基施工装备（打桩船）综合控制系统在船体上的配置示意图

(d) 就地行程指示

(e) 综合液压泵站

图 4.14（三）　海上光伏桩基施工装备（打桩船）综合控制系统在船体上的配置示意图

(f) 台车、定位桩控制柜

(g) 驾控台远程控制面板

图 4.14（四）　海上光伏桩基施工装备（打桩船）综合控制系统在船体上的配置示意图

1. 系统构成

定位桩系统包含定位桩（材质为钢）、起升油缸、扶桩架、上抱箍（HALF型）、下抱箍（HALF型）、索具、插销以及抱桩钢丝绳等部件。

2. 定位桩结构

定位桩呈筒状结构，由不同厚度钢板经焊接制成，桩体整个外表面平整顺滑。底部为钢质桩尖，顶部封闭且装有起吊眼板，桩身上设销孔，用于定位及倒桩操作。定位桩借助抱箍吊索，由顶升液压油缸实施吊运，最大起升行程约4.5m。基于保障作业可靠性与稳定性考量，定位桩采用AH36高强度钢板卷焊而成，焊接方式为坡口对接焊。

抱箍属钢质焊接结构，承担定位桩的固定与导向功能。每套抱箍由抱箍座与外抱箍组成，抱箍座与船体封板焊接固定，外抱箍和抱箍座通过销轴实现铰接连接，必要时外抱箍可开启操作。

3. 固定式定位桩系统

固定式定位桩系统参数见表4.15。

表4.15　　固定式定位桩系统参数表

名　称	技　术　参　数
定位桩直径	约900mm
定位桩长度	约23.5m
销孔间距	2000mm
油缸直径	约220mm
油缸型式	单作用柱塞缸
油缸行程	2300mm
油缸工作压力	20MPa
滑轮直径	约700mm
油缸长度	约3000mm
系统重量	约65t
钢丝绳	多芯镀锌钢丝绳直径36mm，两端带有压制套环
抱桩钢丝绳	多芯镀锌钢丝绳直径44mm，两端带有压制套环

固定式定位桩系统采用为单作用柱塞油缸，安装于油缸座内部。油缸座底部配置有油缸安装耳板，上部设有油缸保护支架，该支架在油缸非工作状态下发挥扶正作用，其内部衬有橡胶。

油缸顶部装配起升滑轮，钢丝绳一端固定于油缸座，另一端连接并缠绕在定位桩的抱桩钢丝绳上。在起升操作时，油缸向外伸出，借助起升钢丝绳与抱桩钢丝绳的联动带动定位桩向上提升。若油缸行程达到极限但仍需进一步提升定位桩，可先利用插销将定位桩固定在抱箍座上，接着下放油缸至最小行程，再拔出插销，继续实施提升作业。

开展插桩作业时，操控油缸快速下放，待抱桩钢丝绳下放到抱箍上表面并松开后，定位桩脱离约束，凭借自身重力作用插入土层。通过调整插桩前定位桩的离地高度，能够实现对其入泥深度的把控。

4. 移动台车式定位桩系统

移动台车式定位桩系统具备垂直方向上、下移动以及沿导轨方向水平移动的能力，在实现船舶定位固定的同时，可驱动船舶平移。

(1) 系统组成。移动台车式定位桩系统涵盖台车本体、轮式行走装置、台车轨道（依据设备商提供且经认可的图纸，由船厂制作并安装于船体）、移动台车伸缩油缸、钢桩、扶桩架、上下整体式抱箍、钢桩起升油缸、索具、插销以及抱桩钢丝绳等部件。

(2) 结构设计与运行机制。

1) 定位桩结构。定位桩呈筒状，由钢板焊接而成，外表面平滑。底部为钢质桩尖，顶部封闭并设有起吊眼板，桩身带有销孔，用于定位及倒桩操作。借助抱箍吊索，由顶升液压油缸吊运，最大起升行程约 4.5m，采用 AH36 高强度钢板经坡口对接焊卷焊制成，确保作业的可靠性与稳定性。

2) 台车构造。台车采用全焊接结构，主体材质为 AH36 级船用钢板，配置 4 只在上、下导轨间实现水平行走的滚轮，同时在钢桩台车与船体上设置挡板，防止出轨；另有 4 只水平滚轮装于左、右两侧结构，发挥限位导向功能。台车运动依靠 1 只液压油缸推拉驱动，借助控制箱操控。两端设有限位报警装置，能自动控制台车停止行走，避免超行程运行。

3) 台车轨道。台车轨道由上、下厚钢板与船体嵌入式焊接，并经船体结构强化，采用高强度钢材质，为台车运行提供稳固支撑与精准导向。

4) 抱箍设计。台车上的抱箍为钢质焊接结构且不可打开，用于定位桩固定与导向。

5) 移船动力与流程。移动台车油缸作为双作用液压油缸，是移船的动力源，行程约 5m，实际每次工作行走 1～3m。作业时，走完全部行程后，借助固定式定位桩起倒操作，拨起主桩，将台车移船油缸行程归零，放下主桩并升起副桩，开启新一轮作业循环，达成连续移船作业目标。

移动台车油缸为单作用柱塞缸，安装在油缸座内，油缸座底部设油缸安装耳板，上部设油缸保护支架，支架内衬橡胶，用于在油缸非工作时段扶正油缸，保障其稳定性与安全性。

钢桩起升油缸顶端装配有起升滑轮组件，起升钢丝绳的一端以稳固方式锚固于油缸座之上，形成可靠连接基点，另一端则与缠绕于定位桩周身的抱桩钢丝绳相衔接，构建起联动传力链路。在执行起升作业的过程中，油缸活塞杆向外伸出运行，借助起升钢丝绳与抱桩钢丝绳所形成的力学传导体系将定位桩平稳提起，实现垂直向位移。当油缸的行程抵达极限位置，而定位桩仍需进一步提升高度时，可采用插销这一机械锁定部件，将定位桩精准锁定于抱箍座预设部位，达成稳固限位状态；继而操控油缸进行下放动作，直至其运行至最小行程区间，随即拔除插销，解除临时锁定，接续开展后续提升作业。

开展插桩作业阶段，需精准操控起升油缸，驱动其快速执行下放动作，待抱桩钢丝绳落置于抱箍上表面既定位置后，解除其对定位桩的束缚，此时定位桩在自重作用下，遵循自由落体运动规律，凭借自身重力势能高效转化为动能，迅猛插入土层之中。在此过程中，可凭借精准调控插桩作业起始阶段定位桩相对地面的高度参数，实现对其入泥深度的精细化把控，以契合不同工况下的工程技术要求。

（3）移动台车式定位桩系统参数。移动台车式定位桩系统参数见表4.16。

表4.16　移动台车式定位桩系统参数表

名　称	技　术　参　数
安装位置	台车轨道和油缸位于甲板上，船舶船体结构开孔为2m×8m
板梁式台车油缸最大行程	5.5m
定位桩直径	约900mm
定位桩长度	23.5m
油缸缸径/杆径	D/d=230mm/180mm
油缸长度	约3000mm
行程	S=5000mm
工作压力	20MPa
系统重量	约90t（含钢桩）

（4）工作原理。

1）施工装备。

a. 打桩船进行拖航时，台车定位桩的桩柱放置在打桩船甲板面上，绑扎牢固。

b. 当打桩船拖航到施工水域后，使用本船自有吊机将定位桩柱与台车完成合体工作，使定位桩与台车处于工作状态。

c. 在整个施工过程中，定位桩与台车装置始终处于合体状态。当需要打桩船进行远距离拖驳前，将定位桩柱与台车解体，并将定位桩柱安放在甲板面上。

2）台车式定位桩。

a. 起升定位桩：桩柱一端绑钢丝绳，另一端带在油缸上，油缸顶升带着钢丝绳，拉着桩柱上升，上升一节，插销固定台车与桩柱，然后油缸和钢丝在重力作用下下降至起始位置，然后提升油缸，钢丝绳受力以后，拔下插销，油缸顶升带着钢丝绳，拉着桩柱继续上升，重复这一过程，直到桩柱起升至要求高度。

b. 下落定位桩：在油缸和钢丝绳不受力的情况下，拔下插销，桩柱可以在重力作用下自由降落到海底。

c. 台车空载移动：在桩柱处于起升状态下，水平油缸带动整台台车沿轨道移动，此时台车仅受水流对定位桩的阻力。

d. 台车带载荷移动：在桩柱处于落下状态下，水平油缸带动整台台车沿轨道移动（约 1m/min），此时台车受到水流对船体的阻力。

e. 在使用台车带载荷移动时，对应的锚泊应提前放松，避免锚泊对台车产生附加阻力。

5. 移船及定位

根据海上风电场的布置情况，首先选择一列光伏电池板的桩基开始打桩作业，以保证打桩船每次定位后能够打到工装定位范围内的全部桩基，从而提高工作效率。第一列桩的施工环境最好，定位锚的使用不受任何限制。具体的工作流程为：

（1）用拖轮将打桩船拖至指定位置，通过船上安装的北斗等测量设备对船舶进行初步定位。

（2）使用起锚艇将船的 4 个工作锚抛至指定位置，通过 4 台锚绞设备和台车对船进行精确定位。

4.2.3.5 舷侧定位系统

海上光伏桩基施工是在近海这一具有特殊环境条件的区域开展的作业活动，鉴于其施工环境的复杂性，致使施工难度大幅攀升，且伴随着高昂的成本投入，进而成为海上光伏电站开发全流程中的关键要点与棘手难点所在。

历经前期一系列的探索实践，现已摸索出一种有效的成本控制途径，即针对桩基上端所安装的光伏支架，将其结构型式由传统的大跨度模式转变为超大跨度钢网架结构模式（图 4.15）。通过这一结构优化举措，能够在保障光伏发电效能的前提下，有效削减所需桩基的数量规模，同时显著扩大光伏电池板的铺设面积，从而达到降低整体投资成本的预期目标。

然而，为了能够与超大跨度钢网架结构的光伏支架实现完美适配，并且切实提升光伏支架的安装作业效率，在施工过程中，对于一个光伏单元（通常由 4～8 根桩基构成一个组串）内部的桩基间距稳定性以及单根桩基的垂直度均提出了较为严苛

图 4.15　超大跨度钢网光伏支架

的技术要求。这要求在施工操作环节，务必确保各桩基之间的间距能够维持高度稳定状态，避免出现间距偏差过大等问题，进而影响光伏支架的安装精度与整体结构稳定性；同时，每根桩基在施工完成后，其垂直度需严格符合相关标准规范，以保障光伏支架在后续运行过程中能够稳固承载光伏电池板，确保光伏发电系统的高效、稳定运行。

1. 舷侧定位系统布局

为契合上述针对一个光伏组串所提出的严苛桩基施工要求，依据既定的桩基施工工艺规范与流程，本海上光伏桩基施工专用装备（即打桩船）于船体两侧精准规划、合理布局了共计 4～8 套舷侧定位系统。每套舷侧定位系统涵盖舷侧定位工装、抱箍装置、液压装置以及电控单元等核心组件，各组件间协同运作、相辅相成，共同致力于实现高精度的桩基定位与稳固作业。其中，舷侧定位工装作为核心执行部件，发挥着精准定位桩基方位的关键作用；抱箍装置负责对桩基实施有效抱紧、固定，保障其在施工进程中的稳定性；液压装置为整个系统运行提供强劲且精准可控的动力支撑，驱动各机械部件精准动作；电控单元则统筹协调各组件的运行状态，实现自动化、智能化操控。海上光伏桩基施工装备舷侧定位系统的详细布局情况如图 4.16 所示。

本装备所配备的舷侧定位系统，创新性地融合了可回收侧定位技术与变径抱箍技术，基于此先进技术架构，达成了在单次移船作业流程中，能够对 4～8 根桩基同步开展施工作业的高效运作模式。在作业实践过程中，凭借精准且稳定的定位机制切实保障了各桩基之间间距的高精度把控，极大程度上削减了因间距误差所衍生的施工风险与质量瑕疵，进而显著提升了整体的安装效率，契合海上光伏桩基施工高效、优质开展的行业诉求。

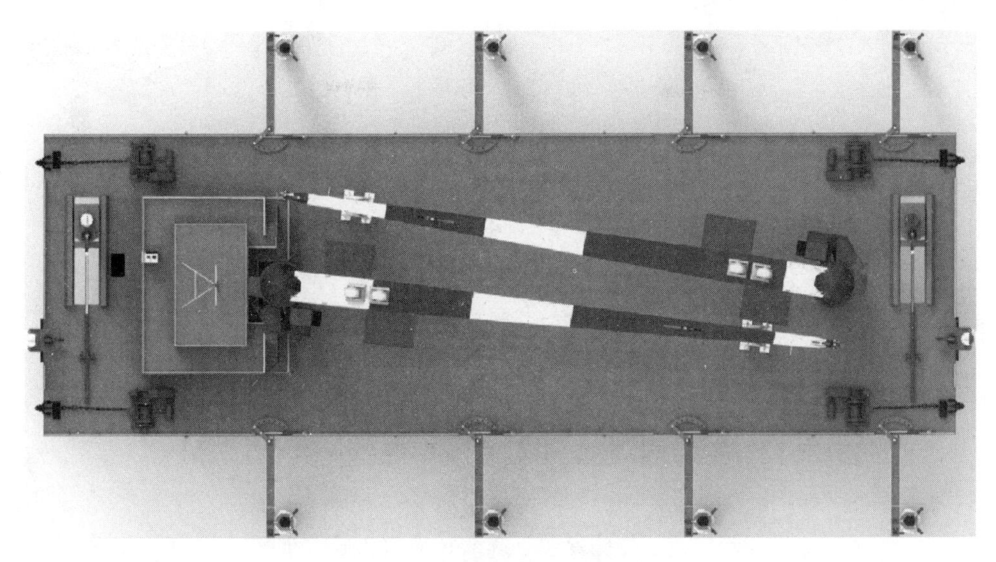

图 4.16 舷侧定位系统布局图

本装备专属设计的舷侧定位系统具备卓越的适配性与灵活性，可依据不同海上光伏施工项目的差异化土建施工工艺需求，紧密契合对应的土建设计图纸规范要求，实现精准且动态的调整作业。具体而言，鉴于各项目现场桩基间距存在实际差异，主要从两方面着手实施调整举措：其一，着眼于轴向间距维度，基于系统与装备舷侧的相对位置关系，通过精准调整系统沿装备舷侧方向的安装点位，实现对轴向间距的灵活把控，适配多样化工况需求；其二，聚焦于纵向间距层面，一方面，借助液压缸精准驱动，灵活改变系统与船体之间的夹角，实现对纵向间距的精细化调校，另一方面，依托抱箍装置在舷侧定位系统舷侧臂上的位置迁移，动态调整纵向间距，从而确保在复杂多变的海上施工环境下，本装备的舷侧定位系统始终能够与现场桩基间距实际状况精准适配，为海上光伏桩基施工筑牢稳固根基。

根据海上光伏桩基的实际情况，为满足变径钢桩和不同桩径 PHC 混凝土桩的施工要求，本装备抱箍装置采用液压变径装置实现，如图 4.17 所示。

舷侧定位系统抱箍装置可用于直径 0.6～1.2m 各个桩径的变径钢桩和直径 0.6m、0.7m、0.8m、0.9m、1.2m 的 PHC 混凝土管桩的施工安装。

2. *外展臂结构*

外展臂舷侧定位工装作为舷侧定位系统的核心架构，整合外展臂、旋转液压系统与变径抱箍系统，以匠心独运的设计与精妙协同的运作机制，在海事工程作业领域发挥着举足轻重的精准定位与稳固支撑效用，为复杂多变的海上施工筑牢坚实根基。

（1）外展臂。外展臂采用先进钢质焊接工艺精铸而成，主材质选用具备卓越力学性能与耐蚀特性的 H36 级船用钢板，依循严苛桩位布局需求精密测算并确定总长度，确保在不同作业场景下皆能精准就位、高效施力。其根部经高强度铰接构造与

图4.17 舷侧定位系统变径抱箍装置示意图

船体舷侧稳固联结，配合专属液压油缸，驱动外展臂于平行船舷至与船舷呈精准90°夹角间顺滑切换作业姿态，实现对作业范围与角度的精准把控。外展臂上表面经精细打磨处理，与船体表面严丝合缝、平齐一体，同时，构筑扶手平台，为日常巡检、运维作业人员打造安全便捷的“空中步道”，保障操作过程安全无忧。

为确保作业定位精度与安全性，外展臂配备双重保险式限位体系：电气限位装置依托高灵敏度传感器与精密控制算法，实时监测外展臂旋转角度，一旦触及预设工作位，即刻自动触发制动指令，精准停止动作；机械限位装置以物理结构层面的硬约束，在极端工况或电气系统异常时发挥兜底防护功效，牢牢锁定外展臂位置，杜绝超限位风险。

（2）旋转液压系统。旋转液压油缸选址于船体甲板靠近舷侧的理想区位稳健安置，其活塞杆以高强度连接件与外展臂旋转摇臂紧密耦合，构成稳固传动链路。凭借液压传动技术高效、稳定的特性，将液压能精准转化为驱动外展臂旋转的机械动能，行程设计经严苛工程校验，完美契合外展臂90°旋转轨迹需求，确保每一次动作响应都迅速、精准，为外展臂灵活作业注入持续、强劲的动力。详细技术参数（表4.17）经反复模拟测算与实地验证优化，与整体机械结构、控制系统深度适配，协同保障系统在复杂海事环境下的稳定运行。

表4.17 旋转液压油缸参数表

名　称	技术参数
缸径/杆径	D/d=180mm/140mm
行程	S=1250mm
工作压力	20MPa

（3）变径抱箍系统。桩基抱箍采用精湛钢质焊接工艺，铸就两瓣式圆筒状结构，筒壁外侧合理布局加强筋板，显著强化整体结构刚性与承载稳定性。对称安装于外展臂两端的两只桩基抱箍协同发力，牢牢锁定桩基，保障施工过程的稳定性。抱箍开合侧与外展臂安装座以铰接方式巧妙相连，在作业进程中，由液压油缸精准驱动，实现外侧抱箍快速、平稳开合操作，无缝适配不同施工阶段对桩基的差异化操作诉求，如桩基就位、调整、紧固等环节，操作便捷高效。

抱箍筒上方配置锥形导向套与上、下导向环，两者有机融合构建成精密桩基导向系统，为桩基指引精准就位路径。导向环用优质钢质材料打造，与桩基间预留约10mm间隙，既赋予桩基适度空间，便于微调校正，又能凭借刚性约束有效规范桩基垂直度与位置精度，确保打桩施工严格符合工程标准。

此外，抱箍筒上方集成三组变径液压缸，依托液压缸的灵活伸缩机能，可针对多元桩径规格桩基实施动态适配调整，精准匹配不同工程需求，极大拓宽设备应用场景，提升施工的通用性与便利性。待打桩作业完成，液压油缸依预设程序有序启动，平稳驱动桩基抱箍舒张打开，解除对桩基的抱紧状态，同步外展臂顺滑收回至初始待命位置，船舶适时横向挪移，确保抱箍与桩基安全、高效脱离接触，圆满完成施工收尾流程，使后续作业流程高效衔接、持续推进。

4.2.3.6 其他

1. 桅樯信号系统

于控制室顶部精准构筑信号灯桅，其结构选型为钢管式，稳固承载失控灯、信号灯及风向风速仪等关键设备。失控灯作为船舶异常状态警示标识，依规范闪烁，醒目昭告周边船舶；信号灯依航行规则切换灯语，明晰传达航向、作业状态等信息；风向风速仪实时捕捉气象要素，为航行决策筑牢数据根基。信号灯桅贴心配备直梯或踏步，便于船员日常维护、检修操作，其上声光、信号设备严格遵循《国内航行海船法定检验技术规则》精密配置，以标准化、规范化设计确保航行安全合规。

2. 救生设备

（1）救生筏。本船依法规精算，适配2个15人气胀式救生筏，存放在主甲板尾部筏架，依托先进静水压力释放器，危急时刻可自动、迅速降落下水，保障海上生存待援。

（2）救生圈。全船合理布局6个救生圈，其中2个携30m可浮救生索；3个装配自亮浮灯，可在暗夜指引方向；2个带灯救生圈稳置于控制室左右舷，关键点位强化应急照明与救援便利性，全方位覆盖遇险场景。

（3）救生衣与救生服。本船配备24件救生衣，依功能区优化分布，20件放置在主甲板与起居甲板日常作业区，4件放置在控制室与机舱关键位置，确保船员触手可及；同步配置24件救生服，以全身防护机能应对极端海况。

3. 消防用品

船舶消防体系以水灭火系统为主，在甲板上合理布控消防栓，构建基础灭火网络。秉持规范与实用兼顾原则，按需配置9L泡沫灭火器、5kg干粉灭火器，依消防栓布局安置水龙带箱（含完备水龙带与水枪），实现“一站式”灭火装备取用。同时，严格落实规范要求，精准配备2套消防员装备。

4. 船舶梯具

露天甲板钢质斜梯严守《船用钢质斜梯》（GB/T 81—1999）标准，以700mm梯宽、50°斜度及花纹钢板踏步，打造稳固、防滑通行路径，契合法规对高度、宽度与角度的要求；居住舱室内主通道铺就700mm宽室内扶手梯，控制室通道梯也同此规格，保障人员舒适、安全通行。压载水舱等液舱则设400mm宽钢质直梯（方钢踏步），适配特殊舱室环境，贯通垂直作业空间。

5. 栏杆、风暴扶手

（1）栏杆。各层甲板外走道设置1.00m高标准型栏杆、60mm×16mm扁钢立柱、11/4″钢管顶栏与Φ20mm圆钢中栏，扶梯处栏杆与扶手无缝衔接，杜绝行走安全隐患。

（2）风暴扶手。甲板室内外走道在适当位置布控风暴扶手，内走道用不锈钢管、外走道用镀锌钢管，按照环境特性选择，浴厕室内另设镀铬或不锈钢防浪扶手，在颠簸海况为船员提供支撑，强化行动安全保障。

6. 金属门窗及舱盖

（1）金属门。主甲板甲板室安装A1200mm×600mm钢质风雨密门，符合《船用风雨密单扇钢质门》（GB 3477—2023），门槛高600mm，抵御风雨侵袭；居住甲板外围壁装配B1400mm×600mm钢质风雨密门；舱室内围壁启用铝质空腹门，居住舱室特配备应急孔款式，优化日常使用与应急疏散效能。

（2）窗。起居舱室装配符合《船用普通矩形窗》（GB/T 5746—2014）的钢质矩形窗，采光通风；甲板室装配符合《船用舷窗》（GB/T 14413—2008）的带风暴盖铝制圆形舷窗，兼顾防护与视野，保障舱室环境舒适安全。

（3）小舱口盖。主甲板机舱设600mm×600mm快速开闭舱口盖（围板高600mm），畅达逃生通道；甲板与舱壁依《船用人孔盖》（GB/T 43383—2023）规范，分别敷设C600mm×400mm、B600mm×400mm人孔盖，油舱处配耐油橡胶衬垫，严守密封与安全底线。

4.2.4 轮机部分

本船是用于水上工程钢桩、混凝土桩的沉打作业以及光伏电池板等设备的辅助安装，属非自航钢质工程船舶。

轮机部分按下列规范、规则和文件设计、建造：《钢质海船入级规范》(2023)、《船舶与海上设施法定检验技术规则（国内航行海船）》(2020年）及其修改通报。

所选用的设备和船厂自制及委托专业厂制造的重要设备，除应符合上述规范，均经过CCS检验，并取得CCS证书。

4.2.4.1　设计要求

轮机主要设备设计工况条件见表4.18。

表4.18　　轮机主要设备设计工况条件

名　　称	工况条件参数
环境温度	45℃
海水温度	32℃
淡水温度	36℃
相对湿度	60%
大气压力	0.1MPa
动力系统	400kW主柴油发电机组2台
	75kW停泊柴油发电机组1台
发电机组柴油机燃油标号	0号或－10号轻柴油
其他要求	机舱内设机旁监视屏

4.2.4.2　主发电机组及停泊发电机组

按照海上光伏桩基施工装备的设计要求，本船设置2台400kW主发电机组和1台75kW停泊发电机组。2台主发电机组可并车运行，从而满足海上作业各种工况的要求，具体参数见表4.19。1台停泊发电机组可满足停泊时基本用电要求，具体参数见表4.20。

表4.19　　主发电机组参数表

名　　称	技　术　参　数
柴油机型式	立式四冲程，废气涡轮增压、不可逆转高速柴油机
冷却方式	闭式水冷
柴油机持续功率	480kW
转速	1500r/min
启动方式	DC 24V电启动

续表

名　　称	技　术　参　数
电压	400V，3 相
频率	50Hz
机组功率	400kW

表 4.20　　停泊发电机组参数表

名　　称	技　术　参　数
柴油机型式	立式四冲程，废气涡轮增压、不可逆转高速柴油机
冷却方式	中冷
柴油机持续功率	90kW
转速	1500r/min
启动方式	DC 24V 电启动
电压	400V，3 相
频率	50Hz
机组功率	75kW
其他	柴油发电机组配公共基座，弹性安装

发电机组控制箱设有滑油温度、淡水温度、滑油压力、柴油机转速等显示装置。以及超速、淡水高温、滑油低压、滑油高温等保护装置。上述保护装置延伸报警至控制室，同时具有声光报警功能。

4.2.4.3　液压控制系统

液压控制系统为定位桩台车、外展臂、桩基抱箍动作提供液压动力源及操控功能，整套装置设在船舶内，包括液压泵站、操纵阀组等，系统由船提供电源。液压控制系统主要设计参数见表 4.21。

表 4.21　　液压控制系统主要设计参数表

序　号	名　　称	技　术　参　数
1	额定压力	20MPa
2	最高压力	25MPa
3	最大流量	42×2L/min
4	油箱有效容积	800L
5	过滤精度	10μm
6	液压油	H63 抗磨液压油

液压泵站采用整体式结构设计，具备良好的集成性与稳定性，被稳固安装于船舶内部指定舱室位置，以便高效开展工作并便于维护管理。该液压泵站配备有3台功率为22kW的电动液压泵，遵循两用一备的运行冗余配置原则。在正常工况下，其中2台泵协同运作，承担主要的液压动力输出任务，确保系统液压油稳定、充足地供给至各执行机构，驱动诸如起升、回转、变幅等关键动作精准、流畅开展；剩余1台备用泵则时刻待命，一旦运行中的泵出现故障、性能劣化或遭遇突发紧急情况，备用泵可迅速切换接入系统，无缝衔接承担工作任务，保障整个液压控制系统持续、可靠运行，避免因泵故障导致作业中断。

在散热冷却层面，该液压控制系统选取箱体自然冷却方式，依托泵站箱体自身优良的散热材质特性与合理的散热表面积设计，当液压泵运转致使液压油升温后，热量可自然散发至周围环境中，以此维持液压油处于适宜的工作温度区间，保障系统稳定运行，规避因油温过高引发的油液黏度变化、密封件老化、泵效率降低等不良影响，确保液压泵站长期稳定、高效服务于船舶各项作业流程。

该液压泵站的箱体以305不锈钢板材打造而成，材质具备良好的耐腐蚀性、强度及稳定性，契合船舶复杂且严苛的作业环境需求。箱体有效容积达800L，采用旁置式空间布局，在有限舱室空间内实现高效利用与便捷维护的平衡。箱体上部精准装配液位液温计，可直观、实时呈现箱体内液压油液位高度与温度数值，为运维人员精准把控油液状态提供依据；同步配置防水空气滤清器，高效过滤外界空气，防止水汽、杂质侵入，确保箱体内油液的清洁度与品质。在油箱侧面开设维修人孔盖，在设备定期维护、故障检修时，便于人员开启进入，实施诸如内部部件检查、清理等操作；底部则设置放油球阀，利于定期进行更换液压油作业，便于排出旧油，实现油液更新循环。

各动作控制阀组全面适配电控操控模式，依托电气信号精准指令驱动，高效调控液压油流向、压力与流量分配，精准驱动船舶各类执行机构作业，诸如起升、变幅、回转动作精准响应，达成船舶高效施工作业流程。除在船舶核心控制区域设置1只中央控制箱，统筹全局电控指令调度与系统监控外，全船还因地制宜、按需设置3只现场控制箱。其中2只分别布局于艏艉台车定位桩周边，紧密贴合定位桩作业流程，便于现场操作人员就近、即时操控，精准控制定位桩起升、平移等动作；另1只毗邻外伸臂安置，针对外伸臂伸展、收回等作业环节实现快速电控响应，提升操作便利性与作业效率。所有电控箱防护等级达IP56，具备强劲防水、防尘能力，可有效抵御船舶作业环境中的海水飞沫、灰尘颗粒侵袭，保障内部电气元件稳定运行，降低故障风险，确保液压系统电控环节长期可靠运行。

各执行机构联动规则如下：

（1）首尾台车行走可同时动作。

（2）首尾定位桩升降可同时工作。

（3）定位桩升降和台车行走不同时工作。

（4）外伸臂可同时收回。

（5）桩基抱箍可同时打开。

（6）外伸臂及抱箍不与定位桩系统同时使用。

4.2.4.4　辅助设备及布置

在机舱内设机修设备，主要包括电焊机、台虎钳、砂轮机、钻床等，主要用于工程零件的加工及船上设备的维修、小件加工等。船舶设备及工程设备的标准配件更换虽然已经较为方便，但有时由于工程船舶的工作区域等问题，可能出现配件更换周期较长的情况，影响工程的连续进行。船舶机修设备的存在可为工程零件的加工和一些必要的焊接工作等带来可能，较大程度为工程的顺利进行带来方便。机舱铺设4.5mm花钢板，在相应的阀门手轮处开手孔。

4.2.4.5　其他

本船轮机部分配置有其他主要设备，具体见表4.22。

表4.22　其他主要设备表

名　称	型　式	规　格	数量
空压机	风冷、飞溅润滑、自控	$20m^3/h \times 1MPa$	2
杂用空气瓶	立式	1.0MPa，约160L	1
空气干燥器	冷冻式		1
舱底油污水分离器		$0.5m^3/h$	1
组合海水压力水柜		$0.2m^3$	1
组合淡水压力水柜		$0.2m^3$	1
电热水柜		$0.3m^3$	
生活污水处理装置	15人		1
监视室、控制室立柜式空调			1
机舱风机	可逆转	$30000m^3/h$	2
氧气/乙炔瓶组（零修使用）		瓶组成套（含压力表、汇流排等）	1

1. 淡水冷却系统

本船各柴油机均为闭式淡水冷却系统，各自独立。淡水冷却系统的补水是由淡水压力水柜的水引至各柴油机的膨胀水箱上方进行补水。

2. 海水冷却系统

本船舶所搭载的各台柴油机，其海水冷却系统遵循独立运作架构设计理念，各自构建自成一体的冷却循环体系，旨在精准适配各柴油机差异化运行工况与冷却需求，强化系统运行稳定性与冷却效能管控精度。每台柴油机均配套 1 台机带海水泵，该泵作为对应柴油机海水冷却循环的“动力心脏”，紧密集成于柴油机本体结构体系中，凭借与柴油机协同运转的天然优势，精准自海水总管汲取海水资源，通过严谨规划、高效布局的冷却管路网络，输送至柴油机内部各关键发热部件及冷却节点处，达到高效热交换目标，保障柴油机在严苛工况下维持稳定运行温度区间。

为强化系统整体可靠性与应急处置能力，额外配备 1 台总用副海水泵。在常态运营场景下，该泵可按需为齿轮箱、甲板机械等关键附属设备稳定供给冷却水，助力其驱散运行过程中产生的热量，维持设备性能稳定；同时，作为各柴油机备用冷却水源补给链路，在某台机带海水泵突发故障、性能劣化或遭遇极端工况致冷却能力不足时，能迅速切入对应柴油机冷却循环，填补冷却缺口，保障柴油机持续运行。此外，秉持冗余设计与应急协同理念，舱底、消防总用泵经系统整合优化后，具备在必要紧急事态下（如多台机带海水泵失效、海水冷却需求骤增等复杂场景）作为备用冷却泵的应急启用能力，凭借其储备动力与流量供给潜能，迅速响应、无缝衔接参与海水冷却作业，全方位筑牢系统应急保障防线。

各海水冷却泵依循统一作业流程范式，起始端精准锚定海水箱作为海水汲取“源头”，依托高效叶轮旋转与泵体吸力协同作用，将海水资源有序吸入泵体内部，经泵压赋能后精准输送至各自所属冷却系统。海水在经历与目标冷却设备的充分热交换过程、高效汲取设备运行热量后，已达温度阈值“饱和”状态，随即遵循预设排放路径，通过严谨设计、合规布局的排水管路稳健排向舷外，实现冷却循环闭环运作与船舶内外海水资源有序交互，在保障设备冷却效能的同时，兼顾船舶内外水域环境生态平衡维护。

3. 滑油系统

本船舶所装配的各型柴油机统一采用湿式油底壳设计架构，以此契合船舶动力运转特性需求，稳固设备润滑根基。在上甲板精准规划布局滑油注入管路，该管路作为滑油补给至船舶内部各相关舱柜及润滑节点的关键输送线路，配备截止阀与盲板法兰。截止阀可实现对滑油注入流程的精准把控，依据设备运维、补给周期灵活启停注油作业；盲板法兰则发挥封闭隔离效用，在特殊工况（如管路检修、设备长期停运等场景）下有效截断注油通路，防范外部杂质侵入及滑油意外泄漏，全方位保障滑油注入链路可靠、可控。

针对泵、滤器以及各类舱柜等滑油流经及储存关键设施，周全考量滑油泄漏、更换及日常运维衍生污油排放需求，统一配套设计泄放油盘。各设施在运行进程中所产生的多余滑油、污油可借助重力作用自然滴落、汇集至对应油盘中，形成初步隔离归集。油盘所收纳的污油遵循预设泄放路径，定向排放至污油舱，达到集中暂存处置的目标。污油舱储存污油后借助污油泵作为动力驱动单元，严格依循环保及岸基接收规范要求，稳健实施排岸处理作业，实现船舶内部污油与外部环保处置体系的无缝对接，规避污油随意排放对水域环境造成污染，契合船舶绿色运营、合规运维管控诉求。

4. 燃油系统

船舶上甲板的左、右舷部位精准布局燃油加油注入管路，各管路均配备盲板法兰及截止阀，借此构成可靠的燃油注入端口，具备便捷接入与封闭隔离双重功能，以适配不同工况下的燃油补给作业需求。燃油可借由上述注入管，遵循预设路径有序分流，精准输送至各燃油储存舱室，实现高效、安全的燃油储存前置作业。在船舶机舱内部合理安置 1 台燃油输送泵，此泵作为燃油舱室间调配及向日用燃油舱供能的核心动力设备，具备双向传输能力，既能够精准抽取燃油储存舱内的燃油输送至日用燃油舱，保障船舶日常运行能源储备，又可按需对各燃油储存舱实施灵活调驳操作，依据船舶航行、作业状态及燃油品质差异等要素，优化燃油分布格局，确保燃油利用效能最大化。为强化输送泵吸入端的燃油清洁度管控，特配置 1 台双联滤器，借助其精细过滤层级，有效拦截燃油内诸如杂质颗粒、微小金属碎屑等异物，防范因杂质混入导致泵体磨损、油路堵塞等不良工况，保证燃油输送链路的顺畅性与可靠性。

日用燃油舱作为船舶短期燃油供给关键据点，装配液位继电器，依托精准液位感应监测技术实时把控舱内燃油液位动态信息，一旦燃油存量趋近低位设定阈值，即刻触发报警信号，为运维人员预留充裕补给响应时间，保障船舶能源供给连续性。同步配备液位计，以直观可视化界面清晰呈现燃油液位高度，辅助操作人员精准掌握燃油余量详情；并设有泄放自闭阀，该阀门与污油舱连通，专门处置日用燃油舱内可能产生的污油排泄事务，借由自闭式设计，确保污油排放过程可控、防泄漏，契合环保与安全作业规范要求。此外，燃油舱增设放油阀，旨在满足机舱日常零用燃油取用需求，便捷供应零散作业场景下的燃油消耗，提升运维操作便利性。

燃油舱所配置速闭阀采用手动操控模式，经严谨设计与布局，确保在机舱或燃油舱周边突发火警紧急事态时，船员能够在上甲板便捷、迅速地执行关闭操作，即时截断燃油供给通路，从源头上遏制火势因燃油持续供给而蔓延扩大，构筑船舶消防安全坚实防线，为灭火救援作业争取宝贵时间、营造有利环境。

发电机及停泊柴油发电机各自配备独立燃油供给泵，均以日用燃油舱为燃油汲取源，依据设备运行工况精准抽取燃油，保障发电设备稳定、持续运转，满足船舶电力供应需求，维持全船电气系统正常运行秩序。在日用燃油舱出油总管关键节点配置双联滤器，再度强化燃油清洁品质管控，为下游各用能设备筑牢杂质防护屏障，降低设备故障率，延长设备使用寿命。燃油热水器则依托自带燃油泵，自日用燃油舱精准吸油，为燃烧器高效输送适配燃油，驱动热水器稳定运作，满足船舶热水供应需求，保障船员生活及船舶特定作业环节的热能需求。

各燃油舱、燃油输送泵、燃油滤器等设施均配套安装油盘，旨在有效收集运行过程中可能泄漏、滴落的燃油，防范燃油散落积聚衍生安全与环境风险。各油盘底部由管径为 DN15mm 的泄油管有序衔接，汇流整合形成一根泄油总管，精准导向污燃油舱，实现泄漏燃油统一归集处置，契合船舶燃油管理精细化、规范化运维要求，强化船舶整体燃油管控效能与安全性。

5. 压缩空气系统

本船舶所配置的压缩空气系统归属于杂用压缩空气范畴，旨在为船舶全域多元杂项作业场景供给压缩空气这一关键动力介质与作业辅助资源。核心设备空压机作为系统“动力引擎”，依托机械运转与气体压缩协同机制，高效吸纳外界自然空气，经内部精密压缩流程处理后，将具备特定压力与气量储备的压缩空气精准输送至杂用空气瓶，达到气源存储与稳压前置目标。杂用空气瓶凭借其优良承压与存储特性，汇聚、缓存空压机产出的压缩空气，构建稳定、持续的气源供应基点，为后续全船范围杂用空气系统按需调配、精准输送夯实根基。

自杂用空气瓶输出的压缩空气，由于下游各用气设备承压及用气需求差异，需经历减压适配环节，借助精密减压阀可实现压力精准调控目标。该减压阀基于的流体力学与机械调节原理，依据预设压力参数阈值，对输入压缩空气施以减压操作，确保输出气流契合各杂用设备运行压力规范。为强化减压过程安全管控，减压阀后端协同配套压力安全阀，凭借其压力感知与应急泄放能力，实时监测减压后的气流压力动态，一旦压力异常攀升、逾越安全上限，即刻启动自动泄放程序，迅速排泄过剩压力，防范因压力失控引发设备损坏、安全事故等不良后果；同时，在减压阀出口端精准安置压力表，以可视化界面实时反馈输出气流压力数值，为运维人员精准把控系统运行状态、及时察觉压力异常提供直观依据。

经减压适配后的杂用压缩空气，凭借其独特物理属性与动力潜能，深度渗透全船多元作业场景，为关键设备高效赋能。在淡水压力柜及海水压力柜场景中，压缩空气作为驱动介质，借助力学转换机制，将自身压力势能转化为柜内水体压力势能，驱动水体克服重力与管路阻力，实现稳定、高效的淡水及海水供给输出，满足船舶生活用水、冷却用水等多元需求；在机舱杂用作业区间，压缩空气助力诸如设备清洁、零部件吹扫等零散运维作业高效开展，凭借其强劲气流冲刷力清除设备表面积尘、杂质，维持机舱设备洁净、性能稳定；在海水箱吹洗作业流程中，压缩空气以高速气流形态注入海水箱内部，依托气流扰动与冲刷协同效应，强力清扫箱壁附着的污垢、沉淀杂质，保障海水箱内部清洁、海水汲取品质优良，全方位支撑船舶稳定、有序运营。

6. 压载系统

本船舶精准配备 2 台电动压载泵，该类泵作为船舶压载水管理及作业姿态调控的核心机电设施，肩负多项关键职能。在常规压载水运维场景下，其能够凭借高效水力输送能力，实现各舱室间压载水精准调驳作业，灵活应对船舶在不同载重、航行状态下的浮态与稳性需求，确保船舶航行的安全性与舒适性。而在开展打桩作业这一特殊工况下，压载泵更是凭借对压载水的精细调控能力调整船舶横向与纵向的压载分布格局，有效抵消打桩作业衍生的外力干扰与不平衡力矩，助力船舶稳固维持理想作业姿态，保障打桩作业精度与成效。

为契合高效、便捷作业诉求，在压载泵的进出口位置均适配性安装电动蝶阀。电动蝶阀依托先进电动驱动技术与精密阀门构造，可依据指令迅速、精准地切换开闭状态与调节阀门开度，实现对压载水流量、流向的灵活把控。相较于传统手动阀门，其极大缩短操作响应时间，降低操作人员劳动强度，显著提升压载水调驳作业效率与精准度。

本船压载系统构建遥控与手动双操控模式，具有良好的操控便利性与应急保障能力。在控制室环境下，借助先进的自动化控制系统与信号传输链路，操作人员可远程、精准地向压载泵及电动蝶阀下达运行指令，实时监控设备运行状态，实现全流程高效、智能管控。一旦遭遇遥控失灵这一突发状况，依托完备的手动操控备份机制，操作人员可迅速切入机舱手动操作模式，凭借现场手动操控装置，直接对压载泵及电动蝶阀进行启停、阀门开闭等基础操作，确保压载作业连续性，全方位筑牢系统运行可靠性防线。

7. 舱底水系统

本船舶机舱舱底水系统秉持冗余设计理念，精心构筑双泵保障体系，由 1 台舱底消防总用泵与 1 台消防泵协同组成核心动力单元，两者在功能与应急备援层面深度融合、互为补充。在常态运维阶段，依据机舱舱底水抽取、处理作业需求，优先择取适配泵体投入运行，高效执行舱底积水清理作业，维持机舱底部干燥洁净的环境，防范积水衍生设备腐蚀、电气短路等安全隐患；而在遭遇主用泵突发故障、性能劣化或高负荷运转工况时，备用泵可凭借其储备动力与灵活切换机制无缝切入作业流程，接续承担舱底水抽排任务，确保舱底水管控作业的连贯性与稳定性，稳固船舶机舱运行安全根基。

在机舱空间范畴内，在左、右两侧精准规划布局多元吸口体系，涵盖机舱舱底直通吸口、应急吸口以及支吸口，构建全方位、无死角的舱底水吸纳网络。直通吸口与支吸口作为日常舱底水抽排基础端口，适配性装配泥箱，凭借泥箱优良过滤沉淀性能，先行拦截污水中的泥沙、杂物等固态杂质，避免其侵入泵体内部导致叶轮磨损、管路堵塞等不良工况，保障泵组高效、稳定运行；应急吸口与压载泵建立连接链路，并增设截止止回阀，此阀操纵杆依规范要求高出花钢板 450mm 以上，旨在在紧急事态下（如舱底大量积水、主泵失效等场景），一方面借助压载泵强大的抽排能力实现快速应急排水，拓展舱底水应急处置渠道，另一方面凭借截止止回阀单向截止特性，有效规避舱底水倒流风险，确保应急排水作业安全、可控。

秉持全船舱底水管控“一盘棋”理念，将管控触角延伸至所有空舱区域，逐一设置舱底水吸口，实现船舶内部舱底水抽排网络全域覆盖，不留管控死角，无论舱室功能、位置差异，均可高效应对可能滋生的积水问题。针对机舱污水舱、污油舱这类重点舱室，精心装配高位报警装置，依托液位感应监测技术实时追踪舱内液位动态，一旦液位攀升触及预设高位阈值，即刻激活报警信号，并通过可靠信号传输通路将预警信息即时延伸至控制室，为运维人员预留充裕响应时间，以便精准实施污液处置、转移作业，防范舱室满溢导致环境污染、安全事故等不良后果，全方位强化船舶舱底水管控效能与安全性。

8. 消防系统

消防系统核心动力单元为 1 台专业消防泵，其具有良好的水力输送能力与稳定运行能力，可在火灾应急场景下精准抽取消防水源，为灭火作业提供强劲、持续水流支撑。为强化消防系统的可靠性与应急处置韧性，舱底消防总用泵有机融入消防泵备用体系，两者协同互补、深度融合。常态下消防泵负责主力供水，一旦遭遇主泵故障、性能衰减或极端工况致供水受阻，舱底消防总用泵可依预设应急切换机制，无缝衔接、迅速替补，确保火灾扑救作业连贯性，稳固全船消防安全防线。

消防总管与支管依循严谨规划路径，沿上甲板有序铺陈延展，串联诸多消防栓节点，构建覆盖全船的消防供水网络。各消火栓统一设定通径规格为 DN50mm，青铜材质为阀件主体，配备青铜消防接口，该材质具有优良的抗腐蚀性、高强度与可靠密封性，契合船舶严苛的作业环境与消防安全长期保障诉求。青铜阀件操控精准、开闭顺畅，消防接口对接便捷、稳固，有效保障灭火作业开启及时性与水流输送稳定性。

消火栓布局契合规范要求，基于船舶结构、舱室分布、人员活动频繁区域等多种要素综合考量，科学定点、均衡布控，确保火灾发生时各防火关键部位皆能便捷获取消防水源，实现灭火覆盖无死角。消防带依循长度规范精准配置，无论船舶何处突发火情，均可顺畅伸展、精准抵达防火部位，为灭火人员高效作业赋能。同时，严格依循船规要求，在船舶左、右舷各妥善安置 1 只国际通岸接头，作为船舶消防系统与岸基消防资源对接关键纽带，在船舶靠港遭遇火灾或需外部消防支援场景下，可迅速建立连通链路，实现船岸消防合力，拓宽灭火资源渠道，强化应急处置效能。

9. 生活供水系统

（1）淡水系统。淡水系统构筑多元协同架构，由 1 台淡水压力柜和 2 台电动淡水泵组成，两者呈成套配置、互为备用格局。电动淡水泵依托精密的叶轮旋转与水力抽吸机制，自淡水舱精准汲取水源，借由截止止回阀把控水流向与防倒流，将淡水注入压力柜缓存储备，构建稳定、持续的淡水供给基点，确保各用水终端按需获取充足淡水。此冗余泵组设计可有效应对单泵故障、高负荷运行工况，保障淡水供应连贯性，契合船舶生活用水不间断诉求。

自压力柜输出淡水，依循管路网络精准分流至厨房、洗池、洗脸盆、淋浴器、洗衣间等多种生活场域，满足日常洗漱、烹饪、清洁等基础用水需求；针对厨房烹饪、电热水器进水等高水质要求部位，增设饮用水处理装置深度净化环节，凭借过滤、消毒、除异味等精细工艺，剔除杂质、微生物、异味成分，输出达标优质饮用水，全方位守护船员健康饮水权益。

淡水压力柜配套自动压力控制器，凭借压力感知元件实时监测柜内压力动态，依预设压力阈值精准调控水泵启停。压力不足时，立即启动水泵补压；达设定上限则关停，维持压力稳定，实现淡水供应自动化、精准化，降低运维人力成本，提升系统运行可靠性。

(2) 卫生水系统。卫生水系统适配船舶特殊需求，以1台海水压力柜为核心，协同2台电动海水泵成套运作、互为备份。电动海水泵自海水总管强力抽吸海水，借截止止回阀精准导入压力柜，构筑稳定卫生水储备池，应对船舶厕所冲洗等卫生清洁场景用水刚需，以海水资源替代淡水，契合节水环保理念与船舶运维成本控制诉求。

海水压力柜搭载自动压力控制器，运用先进传感与控制技术，实时追踪压力起伏，精准指令水泵启停。压力低落时，驱动水泵注水补压；临近上限则适时停泵，确保压力恒定于适配区间，保障卫生水稳定、按需供应，防范压力失衡引发供水故障或用水不便，为船舶卫生设施长效运行筑牢根基。

10. 疏排水系统

疏排水系统秉持全域防控理念，对所有甲板、甲板室、厨房、厕所等多元功能区域实施无缝覆盖式布局，构筑全方位、多层次疏排水网络。在居住舱室及其他各作业、生活区间，依据区域地形、水流走向与积水风险评估，合理规划、足量配置疏水口，确保各点位积水能在重力作用下迅速汇聚至疏水口，实现高效引流，有效防范雨水、生活废水积聚衍生滑倒、设备腐蚀等安全隐患与环境问题，营造干爽、安全的室内外环境。

粪便污水作为特殊污染类别，集中收纳至专业生活污水处理装置，依托生物降解、物理过滤、化学消毒等复合工艺，深度净化处理，削减污染物含量，达到环保排放标准。处理后污水自装置引出，借由管路设计，具备对上甲板任一舷侧的灵活排放能力，精准契合国际海事组织（IMO）规范要求，且配套污水管透气管一路贯通至开敞甲板，平衡管内气压，保障污水排放顺畅、稳定。

洗池、洗盆、洗衣设备及舱内疏排水等常规生活废水经专用废水管路有序归集至总管，依托总管端口防浪阀精准把控，在船舶航行允许工况下，适时将废水排至舷外。防浪阀遵循船舶晃动力学特性与海浪冲击规律设计，有效抵御海浪倒灌，保障废水排放作业安全、合规，避免舷外海水污染舱内环境。

地漏作为局部积水防控的关键设施，严格遵循区域地势最低点布局原则，安置于舱室、甲板各易积水低洼地带，凭借精巧结构与重力引流原理，高效汇聚周边雨水、溅落废水等液态介质，经连接管路快速疏导至疏排水主网络，实现局部与整体排水链路高效协同。

11. 海水箱

本船舶精准规划、合理配置海水箱共计 2 个，两者依托海水总管构建紧密连通网络，协同承担海水汲取、储备与供给功能。海水总管确保 2 个水箱间海水可按需调配、互补余缺，有效提升海水资源利用能力与供应稳定性，契合船舶多种海水需求作业场景，如冷却、消防、卫生冲洗等。各海水箱独立装配通海阀，阀门依循流体力学与船舶工况适配原则设计，开闭操控便捷、密封性优良，精准把控海水进出流量与时机，成为海水箱与外部海洋环境交互的“咽喉要道”。

鉴于海水强腐蚀性挑战，海水箱内壁敷设牺牲阳极保护装置，其基于电化学防护原理，以活性更强的金属材料（如锌、铝等合金）作为“牺牲者”，优先与海水中侵蚀性离子发生氧化还原反应，持续消耗自身以减缓海水对箱体钢板的侵蚀，延长箱体使用寿命，保障结构完整性与海水存储安全性，确保在严苛海洋环境下能稳定服役。箱体主体采用钢板焊接工艺打造，焊接环节严守行业高标准，焊缝均匀、密实，保障箱体强度、刚度与水密性，契合船舶晃动、压力冲击工况需求。

12. 排气系统

本船各柴油机运行所产生的高温、高压废气，遵循严谨工艺流程与环保降噪导向，率先导入相应消声器开展深度净化降噪作业。消声器依托内部精密声学结构设计，吸音材料填充、反射腔室布局等多种降噪手段协同运用，精准捕捉、削减废气高速流动衍生噪声声波，实现废气能量有序转化与声能有效抑制双重目标。经降噪处理后的废气沿独立烟道管道，凭借烟囱构筑自然排放通道输送至大气环境，达成与外界空气安全、低噪交互，契合船舶周边声环境管控与大气污染防治诉求。

在各柴油机及燃油热水器排气管系关键节点嵌入不锈钢膨胀接头，其材质具有优良热稳定性、伸缩弹性与抗腐蚀特质，能够应对废气温度起伏引发管体热胀冷缩物理变化，有效缓冲、吸纳管长伸缩变形量，防范因热应力积聚导致管道开裂、连接松动等不良工况，稳固管系结构完整性。排气管外周周全包覆热绝缘材料，利用材料的低导热系数特性强效阻隔废气热量向外扩散传导，实现管内高温与外界环境“热隔离”，并外覆镀锌铁皮予以机械防护与美化修饰，经绝热处理后管系外壁温度严控于60℃以下，规避烫伤风险与热辐射干扰周边设备、人员安全。同时，排气管路依循力学原理与船舶运行工况，合理布点、精准安装系列支撑部件，依托刚性支撑与弹性吊架协同作用，确保管系在船舶晃动、振动工况下维持稳固空间姿态，保障废气排放的流畅性与稳定性。

在消音器本体结构上装配泄放管，其作为消音器内部冷凝水、杂质等异物排出专属通道，凭借精准管径设计与合理坡度布局，引导积水、沉积物等依重力自然流出，定期清理消音器内部空间，维持声学结构清洁、高效，保障降噪性能长期稳定，为船舶排气系统持续、可靠运行筑牢基础运维保障防线。

4.2.5　电气部分

4.2.5.1　电制

本船所采用的电力制式涵盖三相交流、单相交流以及直流三种类型，具体系统构成与绝缘特性如下：

（1）三相交流。采用三相绝缘系统，该系统具备独立且良好绝缘性能的三相线路，能有效保障电力在三相传输过程中的稳定性与安全性，避免相间短路等故障风险，契合船舶复杂电气运行工况下对三相动力及设备供电的需求。

（2）单相交流。依托双线绝缘系统构建，此双线架构各自绝缘防护完善，保障单相交流电稳定配送至对应单相用电负载，适配如照明、小型单相设备运转用电场景，为船上多样化单相用电器具平稳运行筑牢根基。

（3）直流。运用双线绝缘系统布局，借由两根绝缘优良的导线传输直流电，利于精准把控直流供电回路，为船舶应急电源系统、特定直流驱动设备等对供电品质要求严苛的设施稳定供电。

电制参数见表4.23。

表4.23　　电制参数表

项目	电压/V	频率/Hz	相数	线制	备注
发电机组	AC400	50	3	3	
电动机	AC380	50	3	3	
正常照明	AC220	50	1	2	
应急照明	DC24			2	蓄电池供
内部通信	AC220	50	1	2	
	DC24			2	蓄电池供

续表

项目	电压/V	频率/Hz	相数	线制	备注
无线电通信设备	AC220	50	1	2	
	DC24			2	蓄电池供

4.2.5.2 电缆

1. 电缆选用

本船舶电缆选型秉持高标准、差异化适配原则，除随设备原配自带电缆依原厂规格沿用外，主体择取 CJPJ 系列成束阻燃低烟无卤绝缘电缆，契合船舶消防安全与人员健康防护双重诉求。该系列电缆依托特殊阻燃配方与绝缘材料体系，在遭遇火情时，可有效遏制火焰沿电缆束蔓延扩散，大幅削减烟雾及有毒、有害气体生成量，为人员疏散逃生、灭火救援营造相对安全的环境；且低烟无卤属性契合环保理念，降低火灾次生危害。针对桩架特殊工况需求，其电力与控制电缆选用软电缆，利用其柔韧质地和优良的耐弯折特性，适配桩架频繁动作、振动环境，保障电力、信号稳定传输。对于火灾工况下必须维持工作的关键设备，如消防泵、应急照明等，选用耐火电缆，其经特殊耐火构造与材料强化，即便在烈火炙烤下也能坚守传输职能。

电缆芯线运行允许温度设定为 85℃，此阈值经综合考量绝缘材料耐热性能、电力传输效率与安全裕量后确定，确保电缆在长期运行、短时过载工况下，绝缘层稳固、电性能可靠，规避因过热引发绝缘老化、短路起火等风险。电缆截面选型遵循适配容量、适度冗余原则，依用电设备功率需求精细匹配。电力设备作为船舶动力、作业核心驱动，电缆截面起步不低于 $1.5mm^2$，保障大电流稳定输送、压降可控；照明设备侧重于节能高效与广泛覆盖，电缆截面不小于 $1mm^2$，在满足照明供电的同时，兼顾布线便捷与成本效益平衡。电缆选用列表见表 4.24。

表 4.24 电缆选用表

使用场所及用途	型号	电缆名称
电力、照明设备	CJPJ95/SC	交联聚乙烯绝缘交联聚烯烃内护套镀锡铜丝编织交联聚烯烃外护套成束阻燃低烟无卤船用电缆
船内通信、无线电、助航设备	CJPJ95/SC	交联聚乙烯绝缘交联聚烯烃内护套镀锡铜丝编织交联聚烯烃外护套成束阻燃低烟无卤船用电缆
	CHJPJ85/SC	交联聚乙烯绝缘交联聚烯烃内护套镀锡铜丝编织交联聚烯烃外护套成束阻燃低烟无卤船用对称式通信电缆

续表

使用场所及用途	型　号	电　缆　名　称
移动设备	CEVR	乙丙绝缘聚氯乙烯护套成束阻燃船用电力软电缆
穿过较大失火危险区域、防火区域或甲板的设备； 通用报警系统、火灾报警系统、广播系统、应急照明等	CJPJ95/NC	交联聚乙烯绝缘交联聚烯烃内护套镀锡铜丝编织交联聚烯烃外护套耐火成束阻燃低烟无卤船用电缆
桩架	CEVR	乙丙绝缘聚氯乙烯护套成束阻燃船用电力软电缆

2. 电缆敷设

本船舶主干电缆敷设作业遵循科学布局、稳固支撑原则，依托专业电缆架作为承载“骨骼”，有序铺陈、规整排列电缆线路。电缆架依据船舶舱室结构、线路走向精准定制安装，具备优良的机械强度与耐腐蚀性能，确保能稳固托举电缆，抵御船舶运行振动、晃动冲击。在电缆上架铺设环节，严格限定电缆层数原则上不超 2 层，从而保障电缆散热空间充裕，降低热量积聚风险，维持电性能稳定；同时便于运维巡检，清晰呈现电缆布局，提升故障排查与检修效率，契合长期可靠运行诉求。

当电缆线路需穿越舱壁或甲板层这类船舶结构关键部位时，施工秉持“无损穿越、性能强化”理念，运用专业穿舱密封装置与工艺，施工过程中确保舱壁、甲板原有水密性、防火性、结构强度等关键性能不受损，杜绝因电缆穿越形成安全与防护“短板”。敷设路径规划全方位考量船舶环境因素，避开高温区域（如靠近热源设备、烟道等），防范热损伤导致的绝缘老化；远离潮湿环境（如易积水舱室、水线附近等），避免水汽侵蚀引发短路故障；规避危险处所（如易燃易爆品存储区、高电磁干扰区等），保障电力、信号传输畅通无阻。

电缆接头制作采用冷轧方式，此工艺依托冷轧设备与标准化流程，对电缆导体精准压接，相较传统焊接、铰接等方式，具备连接紧密、接触电阻小、机械强度高的优势，有效提升接头导电与机械稳固性能，降低发热、松动风险，延长接头使用寿命。在电缆两端，严格规范设置与图纸精准匹配的编号及接线标志，编号遵循统一编码规则，清晰标识电缆来源、去向、规格等关键信息；接线标志采用醒目、耐磨材质制作，直观呈现接线顺序、极性等内容，为施工接线、运维检修提供准确指引，实现电缆全生命周期管理精细化、规范化。

4.2.5.3　船舶电站

本船舶电站由主发电机组、停泊发电机组组成。

1. 主发电机组

本船主发电机组作为核心电源，具有驱动机舱辅机高效运转、保障生活设备稳定供电的职能，同时为打桩设备泵组运行、移船绞车施力以及吊机作业供电。打桩设备泵组依托其供电实现桩体精准入土，移船绞车完成船舶灵活移位调姿，吊机在充足电力支撑下高效吊运物资，机舱辅机稳定运行，保障船舶基础动力及设备工况良好，生活设备供电满足船员起居饮食用电刚需。

2台主发电机皆为三相同步发电机，其性能指标良好且契合船舶用电需求。额定功率达400kW，足以为船舶多种设备高负荷运转供给充足电能；额定电压为AC400V，适配船舶内部电气设备额定电压体系，保障电力顺畅输送、设备稳定运行；频率严守50Hz标准，契合常规电气设备运行频率规范，维持设备运行稳定；功率因数设定为0.8（滞后），经优化调控实现发电与用电设备功率匹配，减少无功功率损耗，提升电能利用效率。

2台主发电机具备良好的并联运行能力，依托并联控制装置与匹配的调控策略，可在船舶用电需求波动场景下灵活协同。在低负荷工况，单台发电机可独立支撑基础用电，节能增效、降低损耗；用电高峰之际，2台发电机无缝并联，聚合发电功率、提升供电容量、稳固电压与频率，确保船舶高耗能设备全力运行、关键作业顺畅开展，增强电力系统冗余性、可靠性与应对复杂工况的适应能力，为船舶长期稳定运行保驾护航。

2. 停泊发电机组

本船配置1台停泊发电机组，在船舶脱离作业状态、处于停泊休整等非作业工况时为全船供应电力。无论是为舱室照明系统供电，保障船员起居空间明亮通透，还是为船上生活设施诸如厨房电器、卫浴设备稳定供能，满足船员日常生活运转刚需，抑或为船舶安保监控、通信导航等基础设备输送电能，确保船舶在停泊期间维持安全警戒与对外联络畅通，停泊发电机组均发挥不可或缺的“基石”作用。

该停泊发电机组额定功率设定为75kW，此功率量级经严谨核算船舶停泊期用电总量、峰值需求并预留合理裕量后确定，足以从容应对停泊状态下多种用电设备协同运行功率诉求。额定电压为AC400V，无缝衔接船舶既有内部电气系统额定电压框架，保障电能自发电机传输至各用电终端，规避电压适配障碍；频率严守50Hz规范，契合常规电气设备运行频率基线，维持设备运行节奏稳定有序，避免因频率偏差引发设备故障、性能劣化；功率因数锁定0.8（滞后），通过合理调控无功功率分配，优化发电与用电匹配度，削减无功损耗，提升电能利用效率，为停泊期电力系统稳健运转夯实根基。

船舶电机具体规格见表4.25。

4.2.5.4 变压器

为适应船体不同电器用电需求，本船设置变压器2台，变压器参数见表4.26。

表4.25　船舶电机规格表

发电机参数	主发电机组	停泊发电机组
数量	2台	1台
额定输出	400kW连续	75kW连续
电压	AC400V	AC400V
频率	50Hz	50Hz
相数	三相	三相
功率因数	0.8（滞后）	0.8（滞后）
绝缘等级	H级	H级
冷却方式	风冷	风冷
防护等级	IP44	IP44

表4.26　变压器参数表

参数名称	数值
数量	2
型号	CSD-50
额定容量	50kVA
初次级电压	400V/230V　50Hz
相数	三相
绝缘等级	F级
防护等级	IP23干式

4.2.5.5　岸电箱

在船舶停泊阶段，岸电作为关键外部电源，依托岸电箱与船舶内部电气系统紧密联通。岸电经岸电箱后，经主配电板内置的交流接触器分配与切换，将电能输送至船舶照明系统；输送至生活设施回路，驱动厨房炊具、卫浴设备等稳定运行，保障日常生活舒适便利；同时为机舱部分基础设备供电，维持通风、监控等设备运转，守护机舱设备状态与安全环境。为适应岸电接入作业需求，配套150m长岸电电缆，经手动电缆卷筒收放管控，确保电缆敷设便捷、收纳规整，拓展岸电接入灵活度与作业半径，实现岸船电力无缝对接。

岸电箱位置选择应综合权衡船舶结构稳固性、人员操作便利性、环境安全性等多元要素，确保其处于醒目、易达且免受海水飞溅、机械碰撞干扰，既便于船员日常操作维护，又契合船舶整体安全布局规范。安全防护层面，岸电箱集成相序指示功能，通过直观可视化界面实时反馈岸电接入相序状态，辅助船员精准判断、及时调校，防范因相序错误引发设备反转、损毁等故障；失压保护机制敏锐监测电压动态，一旦遭遇失压异常，即刻切断电路，阻断不稳定电能侵入，使船舶电气设备免受电压波动冲击，延长设备使用寿命，保障停泊期电力系统可靠运行。

岸电箱内部配备系列操控与计量组件，手动相序转换开关作为核心操控元件，可应对相序不符突发状况，操作简便、切换高效；接线柱遵循电气连接规范高标准设计制作，具备优良导电性、紧密连接性与防松动特性，确保岸电接入线路稳固可靠；电度表精准嵌入，依托精密计量原理与数字化显示，详实记录岸电消耗电量，为船舶用电成本核算、能耗管控提供精确数据支撑，助力船舶运营精细化管理，实现岸电接入作业规范化、智能化。

4.2.5.6 蓄电池

本船配置铅酸蓄电池体系基于不同用电需求场景与设备特性进行供电布局。一方面，专为蓄电池照明系统供电，确保在船舶主供电网络遭遇故障、停电等突发状况时，照明灯具可凭借蓄电池储备电能持续发光，保障船员安全疏散通道及关键作业区域可视度；同步为通用报警设备供电，使其时刻保持待命激活状态，一旦险情触发，能及时、响亮发出警报信号，为船员应急响应赢取宝贵时间。

在机舱这一船舶动力核心区域，特别安置铅酸蓄电池组，以解决机舱设备启动难题。机舱内柴油机等大型设备启动瞬间需强大电流冲击驱动，铅酸蓄电池组依托高倍率放电特性与充沛的电能储备，可在关键时刻迅速释放电能，有利于设备平稳、高效启动并平稳进入稳定运行状态，维持机舱动力运转秩序，保障船舶基础动力输出持续、可靠。

专设一组无线电备用蓄电池作为无线电设备应急电源，平日静默蓄能，在船舶主电源失效、电力供应中断或遭遇极端恶劣天气影响主供电稳定性等紧急情况时，无缝切换启用，确保无线电通信设备持续正常运作，保障船岸之间、船舶间信息交互畅通无阻，助力船舶及时获取外界支援、精准传递自身位置与状况信息，提升船舶应急处置能力与航行安全系数。

4.2.5.7 配电设备

主配电板作为船舶电力中枢，集功能性与防护性于一体。其正面面板设计符合人机交互需求，直观呈现电力参数、开关状态等核心信息，便捷船员操控监测；背面配备可拆式封板，既保障内部线路、元件防护周全，又便于设备维护、检修，利于故障排查与线路整理；侧面旁板加固整体结构，协同防护等级达 IP22 的常规区域及顶部 IP23 防护区，顶部增设防漏水装置，有效阻隔上方可能滴落的油液、水滴，防范短路等电气故障，契合机舱复杂、多风险作业环境，确保电力分配稳定可靠。依船东审美与使用习惯，外观色调选定淡灰色或按需定制，搭配脚下耐油绝缘地垫铺设，强化绝缘、防油渗，全方位优化配电板所处工作环境。

主配电板秉持负载优先、逐级防护原则设计保护序列，遇电气故障或过载危机，率先切断负载端开关，精准隔离问题源头，遏制故障蔓延，随后依序回溯，必要时才触发主配电板上的保护开关动作，最大程度维系系统整体供电，减少非必要断电范围，保障关键设备运行。在与岸电、应急充放电板交互层面，构建紧密联锁机制，岸电接入时校验匹配、状态互锁，防误操作与异常供电；应急充放电板联动协作，紧急状态下无缝切换，提升电力应急韧性，稳固供电可靠性。

内部接线严守标准，择取 CBV 或 CBVR 塑料线精细敷设，利用其优良的绝缘、耐温、抗老化性能，稳固传导电流，降低线路损耗与故障风险，保障电能在各电路板块高效传输。针对机舱风机、油泵及舱室风机、空调等关键设备，贴心配置紧急切断按钮，醒目布局、便捷操作，遇火情、设备异常等紧急状况一键关停对应设备，阻断潜在风险源，防火灾蔓延、止油液泄漏，强化船舶电气安全应急管控。

主发电机控制屏集成前沿自动控制技术，自动并车功能依负载、频率、相位精准匹配，实现多台发电机无感并联；自动调频、调载模块实时追踪电力波动，动态优化各发电机出力配比，稳频稳压，保障电能质量。停泊发电机与主发电机借助并车系统实现负载转移“无缝衔接”，汇流排联络开关灵活切换供电设备，主发电机运行时，智能接管停泊发电机负载，均衡电力分配、提升发电效率，强化船舶电力冗余与灵活调配，应对多种用电工况。

发电机作为船舶电力供应核心单元，依托空气开关进行过载与短路防护。其选用抽屉式空气开关，集多种精密装置于一体。过电流脱扣器敏锐监测电流异常，依预设过载长延时、过电流短延时及短路瞬时三段保护逻辑精准响应：过载初期，长延时机制给予短时电流波动容错空间，避免误动作；过电流骤升时，短延时权衡冲击危害后适时切断电路；遭遇短路尖峰，瞬时动作毫秒间阻断故障电流，守护发电机安全。电动储能装置、合闸电动机协同提升操作便利性与响应迅捷性，分励脱扣器则用于远程紧急断电，全方位护航发电机稳定运行。

负载回路配备插入式塑壳式开关，依循短路电流计算书精细匹配分断能力，确保在回路短路故障突发瞬间，能以强大分断实力断开电流，阻断故障传导至上级线路，保护负载设备免受冲击，契合负载端多样、复杂用电工况，为各用电终端编织严密“安全网”。

测量仪表。在发电机关键电气参数监测点位配置电压、电流、功率仪表，表盘醒目处绘制额定值红线，帮助船员直观判读运行状态是否偏离正轨。功率表设额定功率 15％负功率刻度，监测预警逆功率等异常工况；频率表设±10％额定频率刻度，宽幅覆盖频率波动区间，监测电力质量，及时反馈电网频率稳定性，为船舶电力系统高效、安全运维筑牢数据监测根基。

4.2.5.8 分电箱、启动器

1. 电力分电箱

电力分电箱采用防滴式防护体系，防护等级达 IP44，其外壳设计、密封工艺可有效抵御水滴飞溅、灰尘颗粒侵入，在船舶复杂、多湿多尘工况下确保内部电气元件安全。采用壁式安装方式，既节省空间，又便于船员日常巡检、操作维护，契合船舶紧凑空间利用与高效运维需求。

塑壳断路器基于其可靠可切断能力和精准的动作特性，严密监测分电箱各支路电流动态，过载时依预设曲线延时动作，短路瞬间切断故障回路，保护下游用电设备安全。主配电板（AC 380V、3 相、50Hz）供电能至电力分电箱，再分流至多种用电场景，保障船舶动力、作业设备稳定运行。

2. 照明分电箱

照明分电箱采用防滴式外观，防护等级为 IP22，可应对日常水滴、轻尘，保障照明供电稳定。小型开关根据照明回路电流特性精细调校动作阈值，对过载、短路敏锐响应，防止因电气故障导致照明中断。

主配电板供电至照明分电箱，再分配电能至舱室、甲板等照明灯具，点亮船舶内部空间，兼顾安全与节能，为船员营造良好视觉环境。

3. 启动器

风机、油泵、水泵等设备运转操控秉持机旁优先、灵活管控原则，在设备近旁精准布局就地控制按钮盒，醒目直观、触手可及，方便操作人员现场即时启停、调试设备，契合日常运维便利性需求。未集成入组合启动屏的设备，依特性差异灵活选用单个磁力启动器或原配控制箱。磁力启动器根据电磁原理高效驱动设备启动，控制箱依设备原厂设计精细调控，确保设备依工况精准响应、稳定运行，强化设备运行管控自主性与可靠性。

4. 厨房分电箱

厨房分电箱用于衔接主配电板与厨房多种用电设备，接收主配电板调配电能，经内部优化分配，为炉灶、烤箱、冷藏设备等厨房设备输送稳定电力，满足烹饪、储存等多样需求，保障船员饮食供应稳定、高效，助力船舶生活保障系统有序运转。

4.2.5.9 电动机及控制设备

1. 电动机选型适配与防护性能分级

舱室区域电动机为船用或湿热型鼠笼式异步电动机，防护等级达 IP22，可有效阻隔灰尘、外物侵入，抵御日常泼水、水汽侵蚀，契合舱室内相对温和但有湿度挑战的环境。自冷散热设计简约高效，依环境温度自然调节，避免了额外的复杂冷却运维。绝缘等级为 B 级或 F 级，可根据工况灵活抉择，以高绝缘性能防止电压冲击和漏电，保证电机运行安全，保障舱室设备电力驱动的可靠性。

露天甲板直面风雨、海浪飞沫、烈日暴晒，对应电动机选用 Y－H 鼠笼式异步电动机，防护等级为 IP56，密不透风，可阻挡沙尘，强效防水，无惧海浪冲击、暴雨倾盆，确保电机内部元件“滴水不进”。绝缘等级为 F 级，强化耐温耐压，配合自冷性能，可在极端环境中稳定运行，杂用绞车还配备船用变频电动机，根据作业负载、速度需求智能调频调速，高效节能、精准施力。

2. 电动机启动方式差异化选择

对于功率小于 11kW 的电动机，依靠启动器直驱启动，启动器根据电机电磁特性适配参数，操作简便、响应迅捷，契合小功率设备“即开即用”诉求；对于功率不小于 11kW 的电动机，权衡工况复杂性和电网冲击，灵活选用 Y/△启动或软启动方式，Y/△启动借绕组切换分步降压、降流，缓冲启动冲击；软启动借可控硅等元件“柔性”调控电流、电压曲线，平稳抬升至额定值，均可有效削减启动大电流，从而保护电网，延长电机寿命。

3. 移船绞车控制架构与互锁协同

移船绞车以液压马达驱动，本船四台移船绞车呈多元控制布局，机旁就地控制，操纵杆、按钮直观布局，便于船员现场精细调姿、紧急制动；控制台远程指令精准控制，从而实现船舶移位。两者设互锁逻辑，防误操作，保证控制唯一，确保设备依指令有序切换，集中控制船舶走位，提升移船作业的精度和效率。

4. 打桩系统控制与安全防护集成

打桩电气控制系统“五脏俱全”，控制室控制台整合就地控制台、传感器、限位开关，主吊机两台协同，遥控与就地锁控防冲突。系统严守《起重机安全规程》，急停开关“一键制动”、失电保护“断电无忧”、超速保护“红线预警”、超重及限位“边界严守”、变幅力矩保护“力稳均衡”，多道“安全闸”筑牢作业安全墙。控制室人机界面“可视化窗口”，实时展示起重重量、变幅角度等关键参数，助操作员精准指挥打桩作业。

4.2.5.10　照明设备

1. 常规照明体系

（1）室内照明体系。在船舶内部核心区域，诸如控制室、船员起居舱室、餐厅以及内走道等常规空间范畴内，均安装有额定电压为 AC 220V 的 LED 篷顶灯，依托其稳定且高效的发光效能，构筑起明亮、舒适的室内光环境。针对厕所、浴室等湿度偏高的特殊潮湿环境场所，选用具备防潮特性的 AC 220V LED 舱顶灯，以契合特殊工况下的安全、持久照明诉求。在机舱、厨房这类对光照强度与覆盖范围有特定要求的作业场所，统一部署 AC 220V LED 双管舱顶灯，借由双倍灯管配置强化照明效果，满足复杂作业流程对照明条件的要求。同时，充分考量船员生活便利性与舒适性，在居住舱室内标配床头灯与台灯，为船员休憩、阅读等日常活动提供贴心、专属的局部照明支持。

(2) 室外照明体系。对于外走道主体照明，选择 AC 220V LED 白炽舱顶灯作为核心照明设施，凭借其良好的发光特性与防护性能，有效抵御室外复杂环境因素干扰，确保外走道全域在夜间或低光照条件下维持充足、明晰的照明状态，切实保障人员通行安全与作业顺畅开展。

(3) 工作灯系统。船舶工作灯系统依功能与作业区域精准划分为三个关键组成部分：其一，环绕顶甲板四周精准布局投光灯阵列，以构筑主甲板强光覆盖网络，为大面积作业、设备巡检及货物装卸等核心作业活动筑牢坚实照明根基；其二，聚焦堆桩作业关键区域以及吊机作业专属平台，针对性装设投光灯群组，以高亮度、聚焦式照明光束，全程护航物料堆存、吊运等精细作业流程高效、安全运转；其三，在喂桩作业特定工况场景下，启用专用强光投光灯，凭借其敏锐、集中的光照投射效能，助力作业人员精准把控作业细节与态势，切实提升作业精准度与安全性。尤为值得一提的是，吊机平台所配置照明灯具均额外增设专业减振装置，旨在有效缓冲吊机运行振动冲击，稳固灯具物理结构与电气连接稳定性，确保照明系统长效、可靠运行。

2. 应急照明系统

本船构建 DC 24V 应急照明系统，旨在应对突发紧急断电状况，切实保障关键场所与逃生路径的基础照明需求。在控制室、餐厅、会议室、内走道、机舱以及逃生出口等核心安全保障点位，借助原常规照明灯具（篷顶灯或舱顶灯）架构，内置适配的 DC 24V 应急灯头，达成常态照明与应急照明无缝切换、协同互补功效。同时，在救生筏集结点位，专门设立 100W 高功率投光灯，以强光指引求生路径，强化紧急避险场景下人员疏散、救援行动照明支持力度。

3. 插座设施

秉持实用、便利原则，在各居住舱室、控制室、厨房、餐厅、会议室、办公室等人员日常起居、办公核心场所，依据用电设备数量、功率需求预估，合理布局足量 AC 220V 通用插座，全方位满足多种办公电器、生活电器接入用电诉求。针对机舱、机械设备周边以及各类水密特殊场所，特别配置防水、防尘性能卓越的水密型 AC 220V 插座，严密防范液体、粉尘侵入引发电气安全隐患，稳固设备供电可靠性。此外，鉴于机舱内部存在低压用电设备运维需求，增设 DC 24V 低压插座，适配特定设备专属供电参数，优化机舱整体电气适配性与安全性。

4. 航行与信号灯具

在信号灯桅结构点位，严格遵循所在港区信号灯规范标准，精准安装对应信号灯组，实现船舶身份标识、航行状态警示等多种信号精准传递。航行灯具层面，对标《国内航行海船法定检验技术规则》，严谨要求实施选型、配置作业，所有航行灯、信号灯统一接入安装于控制室内集中控制台上的专业航行灯信号灯控制板，形成一站式集中管控操作模式，大幅提升操作便捷性与管控精准度。其中，航行灯采用双层冗余设计架构，配备两路独立电源供应链路，内置智能监测模块，一旦遭遇灯泡灯丝熔断或线路故障突发状况，即刻触发声光报警信号，及时告知船员排查处理，全力护航船舶夜间、低能见度条件下航行安全。为强化高空警示功能，在吊机平台顶部规范安装航空障碍灯，以闪烁警示光信号标识船舶特殊构造高度轮廓，规避低空飞行器碰撞风险。同时，配备手提白昼信号灯一具，为日间特殊通信、警示场景赋予灵活、便携的照明及信号传递手段。

4.2.5.11 船内通信

1. 选通式声力电话通信系统

本船配备6部契合船用标准规范的选通式声力电话装置，其分机依据船舶关键作业区域与功能舱室布局需求，精准分布于机舱、控制室、CO_2室等核心点位。该系统架构支持多种通信模式，任一话机终端均可自主选通其余任意一部，实现点对点精准通话对接，且具备良好的并发通信能力，允许多组电话对同时开展独立通话流程，高效适配船舶多岗位、多任务协同作业通信诉求。其中，控制室作为船舶运行管控中枢，所配置选通电话集成安装于集控操作台上，便于操控人员实时便捷通信调度；尤为突出的是，此控制室话机具有忙线插入通话功能，即便目标线路处于繁忙通信状态，遇紧急或重要指令传达需求时，有权限人员可强行切入，保障关键信息及时交互，提升应急处置与协同作业效率。在机舱嘈杂作业环境内增设电话闪光分铃器，以直观视觉警示信号辅助听觉铃声提醒，确保机舱人员在高噪声工况下能及时察觉来电，避免漏接通信贻误工作。

2. 广播通信系统

船舶控制室内安置1台专业广播扩音机，作为全船广播信号核心生成与调控源头，以此为基础构建起覆盖全域、层次分明的广播通信网络。在控制室顶部甲板架设1只额定功率达50W的高性能扬声器，配备手动灵活转动机构，操作人员身处控制室即可便捷操控扬声器指向，实现精准喊话播报，高效传达指令、警示信息至周边区域。在操纵甲板外部区域适配10W扬声器，主甲板艏部室外部署15W高音喇叭，两者协同发力，为打桩、移船等高强度户外作业场景提供洪亮、清晰音频覆盖，保障作业指令精准传达、安全警示声声入耳。机舱内部署10W专用扬声器，契合机舱复杂声学环境与作业人员分布特点，确保广播信息有效触达每处作业角落。餐厅、值班室、船内通道等日常人员流动频繁场所，依空间规模与人员密度合理配置3W小型扬声器，营造舒适、适度音量氛围，传递日常资讯、通知信息。船员休息室内选用1W低功率扬声器，兼顾信息传达与静谧休憩环境需求。同时，在船艏、船艉以及主甲板关键点位科学布局遥控站，以控制室遥控台作为主控枢纽，构建分布式操控架构，赋予各区域人员就近便捷调控广播功能权限，实现全船广播管控灵活高效。此外，广播扩音机预留通用报警接口，深度整合船舶安防预警体系，遇紧急状况可即时接入报警信号源，切换至全船紧急广播模式，以最强音、最高速传播保障全员应急响应。

4.2.5.12 报警设备

1. 通用报警装置

本船部署通用报警装置1套，以构建全船一体化紧急预警网络。其警铃终端广泛分布于机舱、值班室、内走道、控制室、会议室等关键人员值守与人员流动频繁区域，确保警报信号全域覆盖、无死角触达。其中，机舱环境因设备运转复杂、工况特殊，特配置声光报警警铃，融合强光闪烁警示与高分贝音频告警功能，以视觉、听觉双重强刺激信号，穿透嘈杂作业背景音，即时唤起机舱作业人员警觉，保障紧急状况下全员高效响应。

2. 火警报警装置

部署专业火警报警装置1套，根据船舶火灾风险分布特征与人员疏散关键路径实施多种探测、报警点位精细布局。在机舱、值班室、内走道、逃生口等火灾预警及人员疏散核心点位合理装设火警按钮，以便第一时间人工触发警报，抢占火灾初期处置先机。同步于控制室、内走道、餐厅、机舱等重点防火区域布控感烟探头，凭借敏锐烟雾感知能力，实现早期火灾隐情精准捕捉；在厨房这类明火作业、油烟积聚的高风险场所装配感温探头，聚焦温度异常攀升监测，强化火灾隐患甄别效能。机舱作为船舶动力核心与火灾防控重中之重，兼设感烟、感温双类型探头，构筑双重监测防线，提升火警探测可靠性与精准度。系统预设智能联动逻辑，当火警报警触发且持续2min未获人工响应确认时，将自动激活通用报警铃组，无缝衔接两大报警体系，实现全船紧急动员，拓宽警报触达广度与深度，助推人员疏散、灭火救援高效开展。

3. 电源保障与切换机制

通用报警与火警报警两大系统共享高冗余电源供给策略，均采用2路独立电源线路并行供电架构。依托智能监控与自动转换模块实时监测电源工况，一旦主电源遭遇故障失电，系统即刻毫秒级无感切换至备用电源，稳固供电连续性，确保报警装置在各类复杂工况、紧急场景下全天候可靠运行，为船舶消防安全与应急响应筑牢电力根基。

4.2.5.13 无线电设备

1. 甚高频电话

船舶控制室内配备1套甚高频（VHF）电话通信系统，该系统集通信功能与数字选择性呼叫（DSC）技术于一体，实现高效语音通信与精准数字信令交互协同运作。配套集成的DSC终端机，作为数字通信指令收发枢纽，依托通信协议，应用于船舶紧急呼叫、遇险报警及群组通信等多种应用场景。同时，专项部署CH70信道上的DSC值守机，以70频道专属频段优势，对国际遇险与安全呼叫实现全天候不间断监控，筑牢船舶远程应急通信首道防线。在天线布局方面，架设VHF天线及VHF/DSC天线，借助其高增益、宽频带设计特性，强力保障甚高频信号稳定发射与精准接收，即便在复杂海况、远距离通信场景下，依旧确保语音清晰、数据完整，实现船舶与岸基、他船间实时互联互通。

遵循国际海事安全规范与救生应急通信高标准要求，本船足额配置3套救生艇筏双向甚高频无线电话设备。此类设备专为救生艇筏应急场景量身定制，以紧凑便携的设计、坚固耐用的外壳、简易的操作界面，契合救生艇筏有限空间与紧急逃生工况。依托双向通信功能，在船舶遇险弃船、人员疏散至救生艇筏后，可迅速搭建起救生艇筏与救援力量、周边船舶间可靠的语音通信桥梁，精准传递位置信息、人员状态等关键资讯，有助于海上救援行动高效开展。

2. 气象仪

船舶甲板上，安装1套专业气象仪设备，其内置多种高精度传感器，可实时、精准捕捉风速、风向、气温、气压、湿度等核心气象参数，借助智能数据分析处理算法，直观呈现周边气象动态变化趋势，为船舶航行决策提供一手气象资讯，助力船员提前预判恶劣天气、规划最优航迹，有效规避气象灾害风险。同步在艉顶甲板关键点位安装1只卫星应急无线电示位标（工作频段为406MHz），作为船舶全球应急追踪与定位“信标”，依托卫星通信网络，一旦船舶触发遇险工况，即刻自动激活并向全球卫星搜救系统发送精准位置、船舶识别等核心求救信息，开启全球协同救援倒计时，大幅提升船舶遇险生存概率。

3. 雷达应答器

为强化船舶在雷达监测体系下的辨识度与安全性，本船规范配备2台雷达应答器。此类应答器遵循国际海事雷达信号交互准则，在接收到外界雷达波探测信号后，能迅速发射特定编码应答脉冲，在雷达屏幕上醒目标识船舶位置、动态信息，尤其在能见度不良、复杂航道航行场景下，辅助过往船舶精准定位、高效避碰，为船舶航行安全再添防护屏障。

4.2.5.14　航行设备

1. 高精度打桩定位系统

本船装配前沿打桩定位系统，其核心依托全球领先的卫星导航定位技术体系，全面兼容北斗、GPS等多种卫星信号源。凭借先进的多模融合定位算法与精密差分处理技术，系统可突破传统定位精度局限，在复杂海洋环境下稳定输出厘米级实时定位精度数据。在海上打桩作业场景中，无论是桩体初始就位、垂直度校准，抑或是打桩过程动态纠偏环节，该系统均能以高精度坐标信息赋能作业精准管控，切实保障打桩作业高效、无误开展，契合海洋工程建设严苛质量与精度诉求。

2. 汽笛警示与操控系统

本船在控制室顶部甲板安装汽笛1台，作为船舶雾天及低能见度工况下的核心音频警示发声单元。同步在操纵甲板前端左、右舷及控制室关键点位合理布局汽笛手动按钮，构建多点便捷操控网络，确保船员无论身处船舶操控核心区或是前沿瞭望站位，均可在紧急瞭望需求下第一时间手动触发汽笛，发出警示音频信号，提示周边船舶注意避让。雾笛自动控制器内置于控制室内集中控制台中，集成智能能见度监测模块与预设控制逻辑，可依据环境光照、雾气浓度等参数变化自动判定启动阈值，精准调控汽笛鸣响模式（如鸣响时长、间隔周期等），实现雾天航行全过程自动化、标准化音频警示，为船舶低能见度航行筑牢安全预警防线。

3. 全球定位装置

本船配备1台专业全球定位装置，该装置整合多卫星系统资源，深度融合北斗、GPS等多星座信号接收、解析能力，依托高灵敏度天线与精密定位解算引擎，实时追踪卫星轨迹，解算船舶地理坐标、航速、航向等关键航行参数。无论船舶驰骋于广袤远洋，或是穿梭于近海复杂航道，均可为驾驶团队提供精准、稳定的定位数据支撑，助力航线规划、航行监控与海上交通协同作业，是船舶全球航行不可或缺的“定位基石”。

4. 测深仪

本船部署1套回声测深仪，由电源箱、显示器、记录器及换能器（配设不锈钢闸阀防护）四大核心组件组成。电源箱为整套设备稳定运行提供适配电能，保障各单元协同高效工作；显示器以直观可视化界面实时呈现水下地形深度数据及回波图像，赋能船员深度洞察海底地貌；记录器记录航行全程测深数据，为航道分析、航行回溯提供详实资料；换能器借助超声波发射与接收原理，精准探测水下深度信息，不锈钢闸阀加持确保设备在恶劣海洋环境下长期可靠运行，为船舶避浅滩、安全靠泊等作业提供关键水深数据。

4.2.5.15　船舶控制、报警和监视

本船的控制室内部署1座功能完备、技术先进的主控制台，作为整船运行状态监测、指令调度及系统协同的“智慧中枢”。该主控制台集成船舶航行操控、设备运行监管、工况数据汇总分析等多个核心功能模块，依托人机交互界面与智能控制系统，赋能船员对船舶全方位精准把控，实时洞悉船舶动力、电力、通导等系统运行态势，高效下达操控指令，护航船舶安全、稳定航行。

室内布置1座移船绞车控制台，聚焦移船绞车作业流程精细管控。此控制台根据绞车操作工艺逻辑定制操控面板与功能按键，从绞车启动、调速到制动停止，各

环节指令传输精准、响应迅捷，确保移船作业平稳高效开展，契合港口作业、船舶靠泊特殊工况需求。

起重机控制台作为起重机设备原厂配套专属操控终端，深度嵌入起重机机械电气架构，依托高灵敏度操作杆、可视化作业参数显示屏及智能安全防护系统，实现起重机起吊、回转、变幅等复杂动作流畅操控，保障吊运作业精准、安全，与船舶整体作业流程无缝衔接。

为突破绞车作业视野局限，强化远程、实时监控效能，本船搭建1套电视监控系统。系统涵盖高清摄像头、数据传输链路、液晶显示器及画面分割器等核心组件。摄像头多点布控于绞车作业关键区域，采集实时影像并经数字化编码、稳定传输后，汇聚至控制室液晶显示器集中呈现；画面分割器则根据监控场景优先级与作业逻辑对多路视频信号优化整合、分屏展示，助力船员掌握绞车作业全貌，实现远程精准调度指挥。

此外，本船构建1套船舶局域网系统，以实现船内信息交互。基于有线与无线融合组网架构，覆盖全船各舱室、作业区域，打通船舶控制、办公、生活多种场景数据链路，实现航行资料、设备运维档案、船员工作指令等信息高效共享、协同编辑，全面提升船舶运营管理数字化、智能化水平。

第 5 章

海上光伏桩基施工装备智能化系统研制

海上光伏桩基施工装备智能化系统充分运用计算机网络、数据库、现代通信、多媒体等技术，贯彻集成高效的设计理念，为保障本设备任务使命的顺利达成，可实现船舶业务管理、状态监视、数据处理、信息发布、船务办公等信息服务功能，实现对航行任务的综合管理，实现对数据高质量的收集、分析、存储、发布，实现对各类任务的综合展示、流程处理、信息服务等综合业务管理功能，建设数据中心完善、智能化程度高、通信功能强大的海上光伏桩基施工智能化设备和系统。

5.1 设计原则

基于海上光伏桩基施工装备和系统智能化建设目标和要求，本系统遵循以下原则，并结合当前成熟的信息技术发展方向。

1. 实用性原则

以现行需求为基础，利用已有资源，充分考虑未来发展的需要来确定系统规模。针对海上光伏桩基施工设备和系统业务需求，充分考虑船舶的功能和现有基础设备条件，合理地进行系统建设。

2. 安全性原则

海上光伏桩基施工设备智能化系统对安全级别要求很高。除了能够在多个层次上实现安全目标，还需要遵循系统的安全管理体系。

3. 可靠性原则

采用符合船用环境条件要求的成熟设备，并明确硬件的环境条件，结合必要的试验及设备验收以保证设备符合船体应用要求。计算及网络核心设施采用高性能设备，确保系统的稳定可靠。为了保证各类数据、任务信息的可靠存储与传输，系统应充分保障数据安全。

4. 成熟和先进性原则

系统结构设计、系统配置、系统管理方式等方面采用国际上先进同时又是成熟、实用的技术。如整个平台采用面向服务的体系架构（SOA）实现系统的松耦合等。

5. 规范性原则

系统设计所采用的技术和设备应符合国际标准、国家标准和业界标准，为系统的扩展升级、与其他系统的互联提供良好的基础。如船上设备管理应遵循船舶维修保养体系（CWBT）标准等。

6. 开放性和标准化原则

在设计时，要求提供开放性好、标准化程度高的技术方案；设备的各种接口满足开放和标准化原则。

7. 可扩充性原则

所有软件系统及硬件设备不仅应满足当前需要，还应在扩充模块后满足可预见的未来需求，如带宽和设备的扩展、应用的扩展和数据中心的扩展等，从而保证建设完成后的系统在向新的技术升级时能保护现有的投资。

5.2 系统功能

按照海上光伏桩基施工设备和系统的使命任务及智能化需求，智能化系统应为航行作业、船舶环境监控、设备运行监控、异常状态报警及操控船只作业提供支持及保障。系统采用分层设计思路，自顶向下划分为展现层、应用层、应用支撑层、数据资源层、数据存储层、网络传输层和数据接入层，如图 5.1 所示。

1. 展现层

展现层是与各管理系统的门户集成，主要包括船岸一体化管理系统、设备终端、移动端等。

2. 应用层

应用层包括统一门户系统、船舶管理系统、打桩定位系统、安全监测系统、能效管理系统等。

3. 应用支撑层

应用支撑层主要用于支持相关业务应用系统公共功能的实现，包括相关业务应用系统的有效集成和管理，并为应用系统的开发运行提供集成环境。

4. 数据资源层

数据资源层主要为应用系统运行提供数据支撑，包括结构化数据和非结构化数据。

5. 数据存储层

数据存储层完善现有运行基础平台，满足各种应用系统运行的需要，提供系统运行、数据存储和管理所必需的基础设施。

6. 网络传输层

船岸数据传输借助 4G/5G 无线通信系统；船内数据传输采用船舶局域网实现。

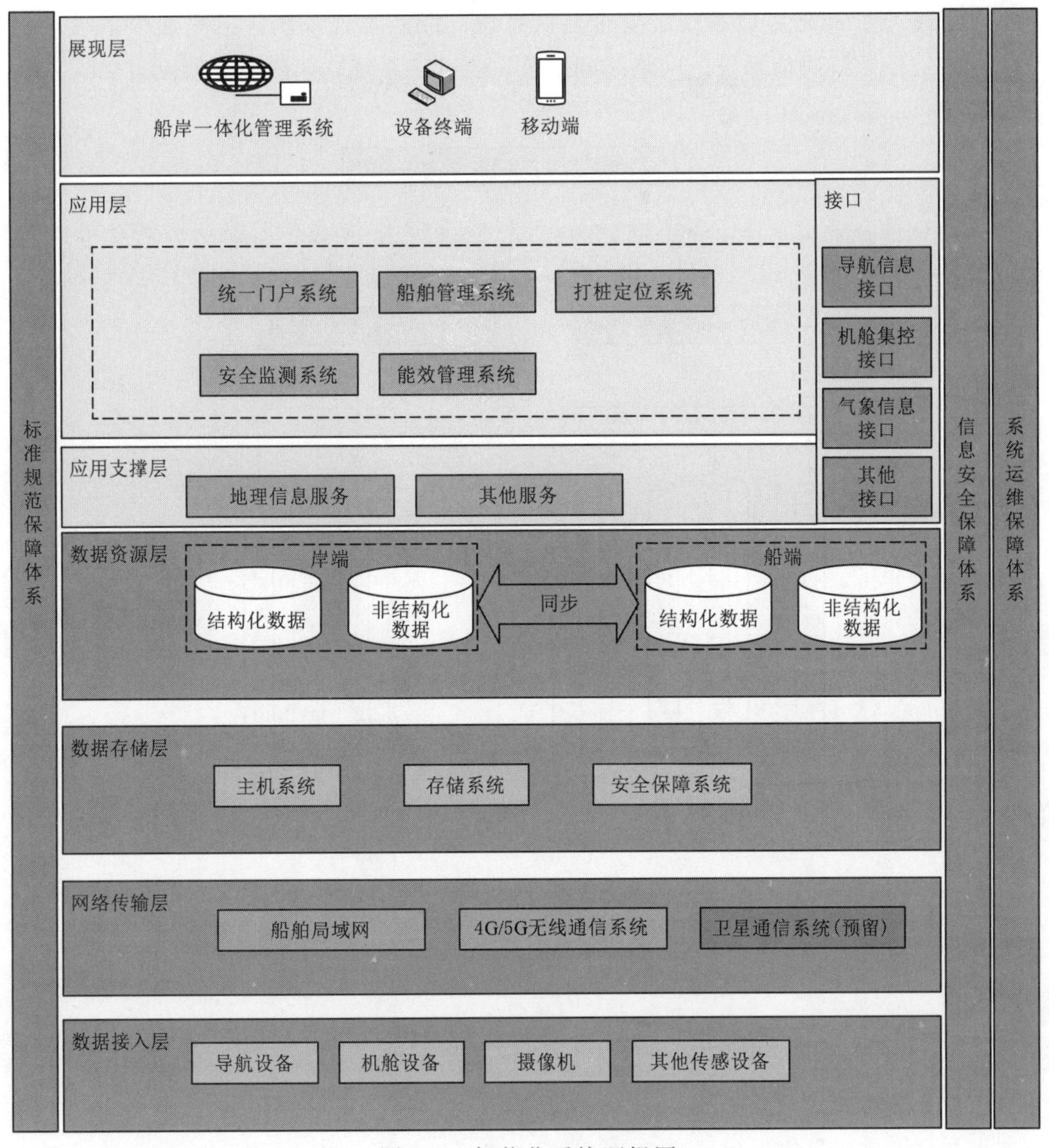

图 5.1 智能化系统逻辑图

7. 数据接入层

数据接入层主要是为各类导航设备、机舱设备、摄像机等通信导航设备提供数据接入服务。

5.3 系统组成

海上光伏桩基施工设备智能化系统主要包括统一门户系统、船岸数据同步系统、船舶管理系统、打桩定位系统、安全监测系统、能效管理系统、卫星通信系统（预留）、4G/5G 无线通信系统、网络基础系统、CCTV 系统，如图 5.2 所示。

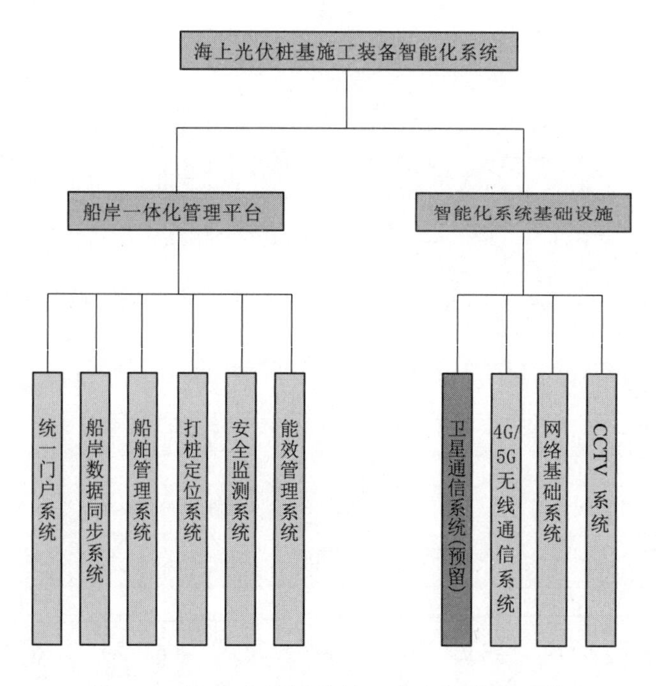

图 5.2　海上光伏桩基施工装备智能化系统

5.4　系统架构

5.4.1　B/S 架构

在当代信息技术演进浪潮中，B/S（Browser/Server）架构作为对传统 C/S（Client/Server）架构的升级迭代，已然锚定应用系统发展方向。伴随互联网技术的兴起，B/S 架构应运而生，其依托浏览器作为前端交互入口，重塑用户接入工作界面模式。相较于 C/S 架构在客户端承载大量事务的逻辑，B/S 架构独辟蹊径，将核心事务逻辑汇聚于服务器端高效处理，由此构筑三层结构，涵盖前端浏览器展示层、中间业务逻辑层及后端数据持久层。这种设计赋能系统“一次部署、随处使用”，仅需在服务器端部署服务程序，客户端借助主流浏览器（诸如微软 IE、火狐 FireFox、谷歌 Chrome 等）即可无缝接入，可跨越设备与操作系统壁垒。

此架构深度契合公务船舶运行特性，无论船舶驰骋远洋、巡航公海，还是泊岸长期检修维护，遭遇断网困境，岸端均可稳控全局，对船舶服务程序及关联变量数据实施精准调整、高效更新升级，确保系统时刻焕发最新活力。凭借卓越的远程维护与升级能力，系统运维成本锐减，用户综合成本显著降低，以高便利性、低成本投入、护航系统版本常新等优势稳固智能化应用基石。

5.4.2 SOA 理念

整个智能化系统以分布式服务为基础，深度融合 SOA（Service－Oriented Architecture）理念构建服务框架，搭建高效消息通信链路，驱动服务规范化进程，强化服务间调用可靠性与高性能表现，巧妙化解服务耦合难题，令各服务模块各司其职、协同高效。同步运用容量管控、强弱依赖梳理、安全加固等前沿技术手段，全方位筑牢业务系统高可靠性、高性能“护城河”，为复杂多变的船舶业务场景注入强劲动力，支撑系统在严苛海事工况下稳健、流畅运转。

5.4.3 J2EE 框架

聚焦 B/S 架构开发实践，智能化系统选择 J2EE（Java 2 Platform Enterprise Edition）框架，J2EE 框架擅于将服务端的繁杂通用任务交给中间件高效处置，依托 Java 语言强大的安全特性与严谨事务管理机制，在保障数据一致性的前提下，为系统注入安全“基因”，搭建兼具伸缩性、灵活性、易维护性的商务系统，赋能船舶智能化系统应对未来业务拓展与复杂功能迭代需求。

5.4.4 模块化设计

智能化系统秉持模块化设计理念，以系统设置模块为“公用底座”，集成组织机构、角色权限、用户管理等基础功能，夯实系统运行基础架构，支撑全局配置管控。其余业务模块按需定制、灵活可选，各模块间保持清晰边界与相对独立性，依循业务发展脉络有机结合、按需扩展，可针对不同船舶业务场景与作业需求精准适配、动态调整。

5.4.5 WebService 接口

设计层面，系统创新运用 WebService 技术进行接口交互，第三方软件可与系统双向交互，自如推送或获取数据，破解异构系统数据“孤岛”困局，为构建跨层级、跨领域大型海事信息系统架构筑牢互联互通根基，以开放包容姿态融入智慧海事生态版图。

智能化系统接口见表 5.1。

表5.1　智能化系统接口

发送系统	接收系统	提供接口内容	接口描述
船舶定位	船舶管理系统	北斗/GPS定位	RS485串口 NMEA-0183
AIS	船舶管理系统	MMSI编号、航行状态、转向率、对地航速、船位精确度、经度、纬度、对地航向、船艏向等信息	RS485串口 NMEA-0183
液位遥测	船舶管理系统	压载舱、油舱、生活污水舱等液位值	Modbus
气象仪	船舶管理系统	风速、风向、气温	RS422串口 NMEA-0183
定位桩监测	船舶管理系统	桩位高度	TCP
抗倾系统	船舶管理系统	纵倾、横倾角度	TCP
罗经	船舶管理系统	航向信息	NMEA-0183
高精度定位	打桩定位系统	经纬度、高程、俯仰角	CAN总线
视频监控	安全监测系统	视频直播流	RTSP/GB28181
机舱监测报警	安全监测系统	液位高报警、配电板、发电机等	Modbus
吃水传感器	船舶管理系统	四角吃水	NMEA-0183
吊机系统	安全监测系统	负荷、载荷、臂展	UDP/TCP
锚链系统	安全监测系统	释放长度、拉力	UDP/TCP
火灾报警系统	安全监测系统	火灾点位、报警开关量	UDP/TCP

5.5 船舶管理系统

在当今海事领域，海上作业情境呈现出前所未有的复杂性与多元性，传统平面化船舶管理及监测模式渐显疲态，难以适配现代船舶作业精细化、协同化、高效化管理诉求。得益于科技的发展，当下技术水准与硬件设施迭代升级，迈入全新发展阶段，为船舶管理系统的深度变革创造了良好的条件。

本船船舶管理系统紧扣“综合采集、深度融合”核心脉络，依托先进传感网络、智能数据采集终端，对船舶现场作业全要素，如设备运行工况、船员实操动态、海洋环境参数、航行轨迹信息等海量一手数据进行全方位、无死角捕捉，并借助大数据分析、人工智能算法等前沿手段，实现数据“跨界”整合与深度融合，进而勾勒出船舶立体式作业态势全景图。从船体机械运转微观细节，到航行海域宏观环境态势，均以三维可视化、虚拟现实等创新展示形式直观呈现，让船舶管理者仿若置身作业现场核心地带，作业流程、状态变迁尽收眼底，彻底摒弃传统二维图表晦涩难懂的弊端，以高清晰度、强直观性态势展示赋能精准决策。

系统借助新型融合装备“硬实力”，如多模态传感器集成套件、船岸一体化智能终端等，打通船内各系统数据壁垒，消弭船岸信息鸿沟，实现船舶机电设备、通导系统、安防监控等多个子系统在硬件底层深度融合，以及船岸间远程协同管控无缝对接。在远洋运输、海洋工程作业等复杂场景下，不仅优化船舶自身运营管理效能，更强化船岸协同应急处置、调度指挥能力，驱动船舶管理从分散孤立走向集成融合，迈向智慧化、集约化新高度，重塑海事作业管理全新生态格局。

1. 主要功能

船舶管理系统作为船舶运行状态的“智慧大脑”，肩负着对本船各类关键感知数据进行系统性采集与长效存储的重任，其监测覆盖范畴多元且精细，深度渗透至船舶各关键作业与运行维度，为船舶精细化管理筑牢数据基石。本船船舶管理系统主要功能如下：

（1）液位遥测。聚焦船舶舱体液位监测，系统精准覆盖 8 个压载舱、2 个燃油舱、2 个淡水舱及 4 角吃水点位，共计 16 处核心监测部位，依托先进传感技术与智能数据处理算法，打破传统单一数据呈现局限，创新性地将监测数据以直观视觉模型与精准数字量化双重形式同步展现。船员于操控室内便能借由可视化界面，仿若亲临舱体内部，直观洞悉各舱液位实时状态、动态变化趋势，无论是船舶压载调整、燃油补给，抑或是淡水储备管控，均可基于详实数据支撑做出精准决策。

（2）气象数据监测。系统与气象仪无缝对接，高效捕获风速、风向、气温等关键气象要素信息，并迅速完成数据处理与传输链路搭建，将实时气象数据精准推送至船舶驾驶台、监控室等核心作业区域显示屏上，以数字化与可视化结合方式清晰呈现。在远洋航行、近海作业场景下，为船员提前预判恶劣天气、规划最优航迹、调整作业计划提供一手气象资讯，犹如为船舶装上“气象预警雷达”，有效规避气象灾害风险。

（3）吃水深度监测。凭借测深仪的精密探测功能，系统深度聚焦船舶吃水相关数据采集与解析，持续输出船舶实时吃水深度信息，该数据不仅作为船舶航行安全基础指标，辅助船员精准把控船舶载重、避免搁浅触礁风险，更与船舶整体稳性评估、作业姿态调整紧密关联，以数据赋能船舶安全、高效运营。

（4）定位桩监测。针对定位桩作业关键环节，系统特设定位桩监测专项模块，运用高精度传感器实时追踪定位桩长度细微变化，并巧妙结合测深仪回传数据，运用智能算法精确测算桩端入水、入泥深度数值。同时，摒弃传统枯燥数字报表形式，创新性引入视觉模型同步展示机制，让船员直观见证定位桩作业全过程，确保打桩、移桩等作业精准无误开展，大幅提升海洋工程作业质量与效率。

（5）姿态监控。

1）实时姿态可视化呈现。系统借助先进惯性传感器、倾角测量仪等设备，精准捕捉船舶实时纵倾、横倾角度，并以逼真视觉模型在操控台显示屏上动态展示，船员仿若置身船舶几何中心，船舶姿态变化一目了然，为船舶航行、作业操控提供直观姿态参考。

2）极限预警守护安全边界。基于船舶设计参数与作业安全规范，预设定严谨极限纵倾、横倾角度阈值，系统内置智能监测引擎持续比对实时姿态数据与阈值区间，一旦船舶趋近或突破极限，即刻触发声光、弹窗等多元警告信息，确保船员第一时间察觉风险、采取纠偏措施，筑牢船舶安全运营底线。

3）系统联动强化协同效能。深度嵌入船舶调横倾系统与压载水系统作业流程，当横倾泵启动投入防横倾作业时，系统自动切换至对应视觉模型展示界面，以动态图示清晰呈现防横倾系统运行状态，助力船员精准调控；同理，与压载水系统关联后，压载水转驳全程以可视化模型直观展现，实现船内各子系统协同作业“可视化”管控，提升船舶整体运行效能。

2. 综合数据采集

在船舶智能化管控与海事作业数字化转型进程中，综合数据采集模块扮演着举足轻重的“数据融合引擎”角色。该模块凭借其卓越的协议适配能力与强大的数据解析分发机制，深度挖掘多元数据价值，为船舶系统运行注入“智慧血液”。数据采集核心流程如图 5.3 所示。

模块底层构建起坚实通信协议“基石”，全面兼容 UDP/TCP、Modbus、NMEA－0183 等一系列通用标准协议架构。UDP/TCP 作为互联网传输层核心协议，以其高效传输、灵活组网特性，负责承载海量船舶数据跨设备、跨网络的可靠流转；Modbus 协议聚焦工业自动化领域，精准对接船舶机电设备、传感器等底层硬件设施，实现设备运行参数、状态指令的无缝交互；NMEA－0183 则作为航海电子设备专属“语言”，打通船舶导航、定位、测深等专业设备间的数据链路，保障航海关键信息流畅传递。

依托上述多元协议支撑，模块具备超凡异构消息数据结构融合能力，可精准识别、接纳源自船舶不同系统、不同设备的差异化数据格式，无论是二进制编码、十六进制字符串，抑或是结构化文本数据，均能被高效纳入处理流程。在数据解析环

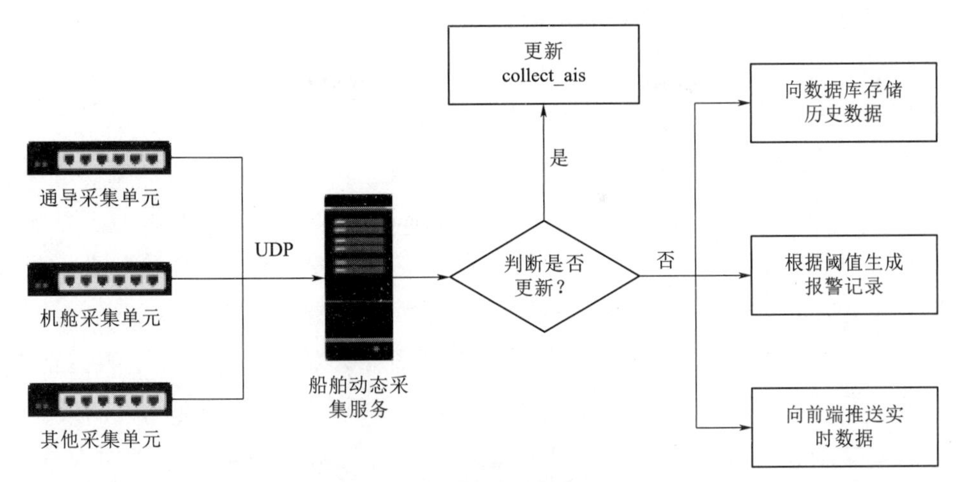

图 5.3 数据采集核心流程

节，运用精密算法与智能规则引擎，对原始异构数据按对应协议规范拆解还原为标准化、结构化数据单元，进而依据船舶业务逻辑与系统需求，精准分发至各数据应用终端、存储单元或分析模块，实现从数据“碎片化”采集到“一体化”综合处理的全流程贯通，为船舶航行安全保障、作业精准调度、设备智能运维等多元场景筑牢数据根基，驱动船舶运营管理迈向精细化、智能化新高度。

3. 综合数据存储

在船舶数字化运营的复杂生态中，综合数据存储体系依托前沿技术架构与精细管理策略，肩负起海量数据的长效存储与高效治理重任，为船舶系统运行筑牢坚实根基。

该体系核心选用非关系型数据库作为数据“栖息之所”，相较于传统关系型数据库，非关系型数据库以其卓越的横向扩展性、灵活的数据模型架构，以及对海量半结构化、非结构化数据的高效存储处理能力脱颖而出。在船舶运营场景下，诸如持续涌出的传感器监测数据、高清视频影像资料、设备运维日志等异构海量数据，均可毫无阻碍地被吸纳其中，实现数据存储容量与写入速度的弹性适配，从容应对海事作业复杂工况催生的数据爆发式增长挑战。

为让存储数据从“无序堆积”迈向“有序管控”，体系引入精细化数据治理机制，聚焦元数据开展标签化、体系化重塑工程。犹如为每份数据资料精心附上多维度“身份标签”，涵盖数据来源、产生时间、所属业务模块、数据敏感度等丰富标识信息，同步依据船舶运营管理逻辑脉络，梳理构建层级分明、关联紧密的数据体系架构，将碎片化元数据编织为有机整体。凭借此深度治理策略，不仅实现数据查询检索“秒级响应”，精准定位所需数据资源，更赋能数据全生命周期高效管理，从数据产生源头把控质量，历经存储优化、安全防护，到按需调用赋能业务决策，实现数据价值最大化挖掘与释放，为智慧船舶建设注入澎湃“数据动力”。

本船感知数据的综合存储系统架构如图5.4所示。

4. 综合数据呈现

在船舶数字化运营管理进程中，综合数据呈现作为数据价值输出的“可视化窗口”，依托严谨高效的数据治理体系，匠心雕琢多元化展示形式，深度融合历史回溯与实时洞察视角，为船舶运营各环节精准决策注入“数据智慧”。

历经精细化数据治理“淬炼”，数据依据船舶业务逻辑、管理需求被重塑规整，进而解锁丰富多元的呈现方式。列表形式以条理清晰、行列分明布局，将海量数据按特定类目、顺序逐一罗列，便于快速查阅、精准比对细节信息，诸如设备清单、船员考勤记录等场景下优势尽显；图表则借助柱状图、折线图、饼图等多样化图形工具，将复杂数据关系可视化，把抽象数值转化为直观几何图形，无论是展现船舶能耗趋势、设备故障率波动，还是不同作业环节耗时占比，皆能让数据“故事”一目了然，助力管理者瞬间捕捉关键趋势；报表整合文字、数据、图表于一体，遵循标准化格式规范，从船舶航行日志、运维评估报告到财务结算表单，系统梳理、详尽剖析业务数据，支撑高层级战略决策制定。图5.5～图5.8所示为本船数据图像化实例。

尤为值得一提的是，系统在数据呈现维度贯通历史与当下，既支持回溯性历史数据挖掘查阅，以时间轴为索引，复盘船舶过往运营轨迹、重大事件数据详情，沉淀经验教训；又聚焦实时数据“快闪更新”，搭建高速数据传输通道，将船舶当下关键运行指标、作业状态第一时间呈现眼前，如实时位置、舱室液位、机电设备参数等，让管理者于瞬息万变的海事工况下精准把控船舶航向，驱动船舶运营管理迈向智能化、高效化新境界。

5.5.1　船舶横倾平衡控制系统

船舶横倾平衡控制系统作为保障船舶稳定运行、优化装卸货流程的核心“智能卫士”，依托前沿技术架构与多元控制模式，重塑船舶横倾管控效能，助力船舶运营迈向精准、高效新台阶。

本船采用双总线冗余架构方式，两条独立总线并行运作，实时交互数据、协同承担指令传输重任，一旦某条总线遭遇故障“断点”，另一条即刻无缝接管，确保系统通信链路“零中断”，数据洪流持续、稳定奔涌于各控制单元、传感器与执行机构间。这种高可靠设计为新一代电控系统筑牢坚实基石，使其能在复杂多变的海事环境、高强度作业工况下发挥横倾调控职能，护航船舶安全。

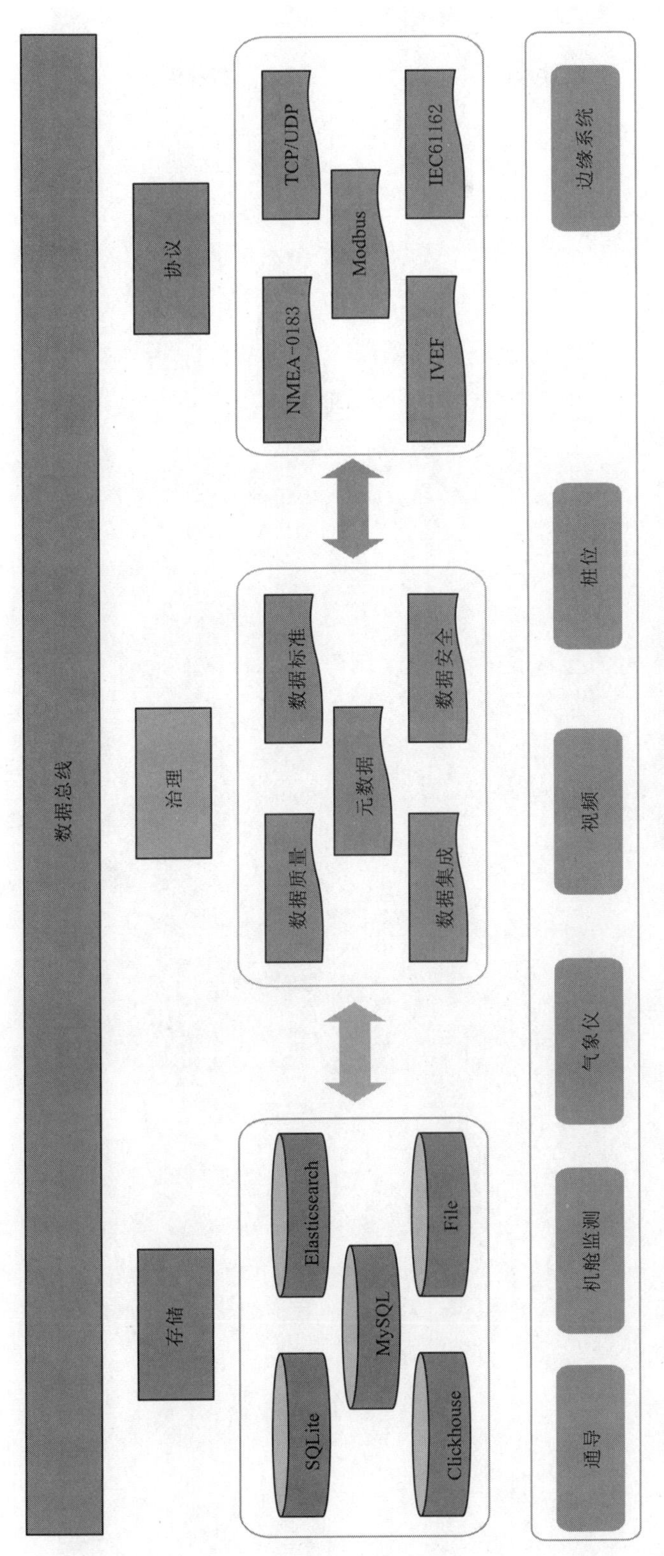

图 5.4 感知数据的综合存储系统架构

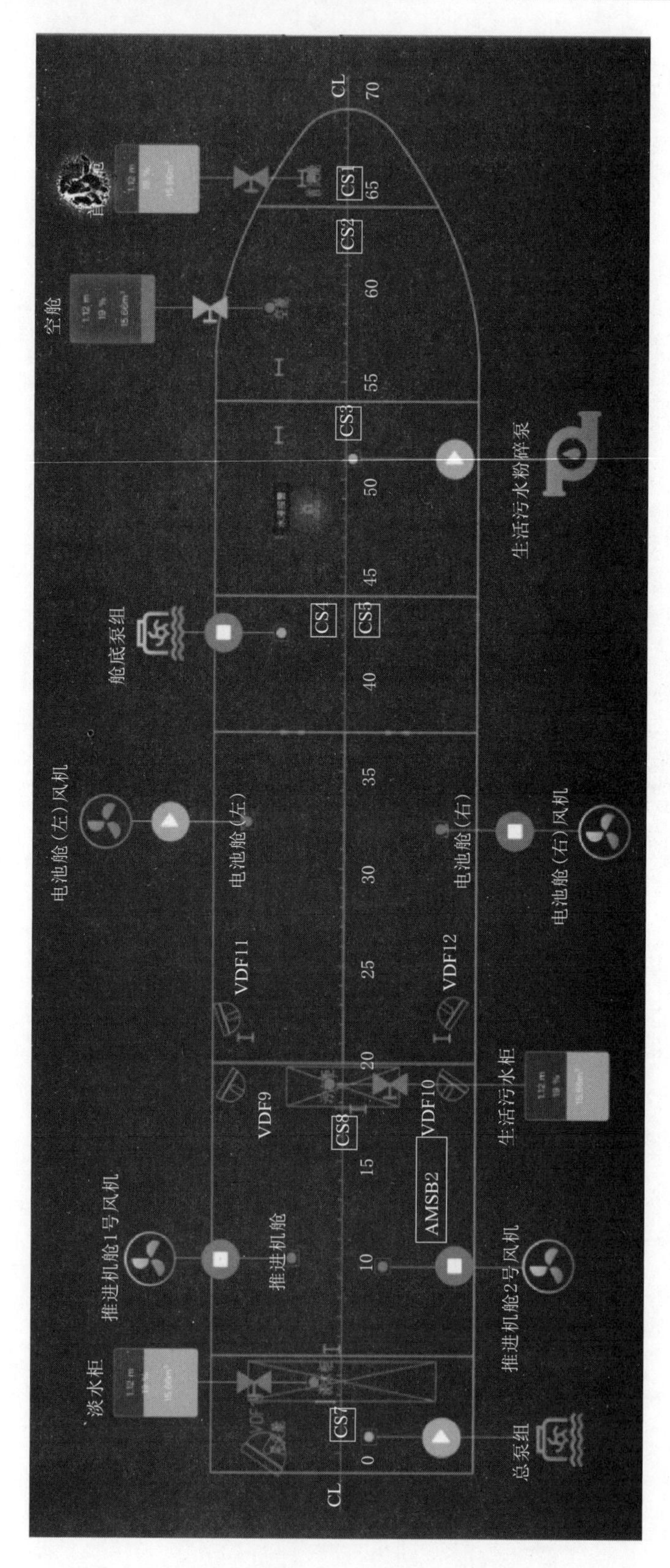
CL
70
65
60
55
50
45
40
35
30
25
20
15
10
0
CS1
CS2
CS3
CS4
CS5
CS7
CS8
空舱
舱底泵组
生活污水粉碎泵
电池舱(左)风机
电池舱(左)
电池舱(右)
电池舱(右)风机
VDF11
VDF12
VDF9
VDF10
AMSB2
生活污水柜
推进机舱1号风机
推进机舱
推进机舱2号风机
淡水柜
总泵组

图 5.5　液位监测示意图

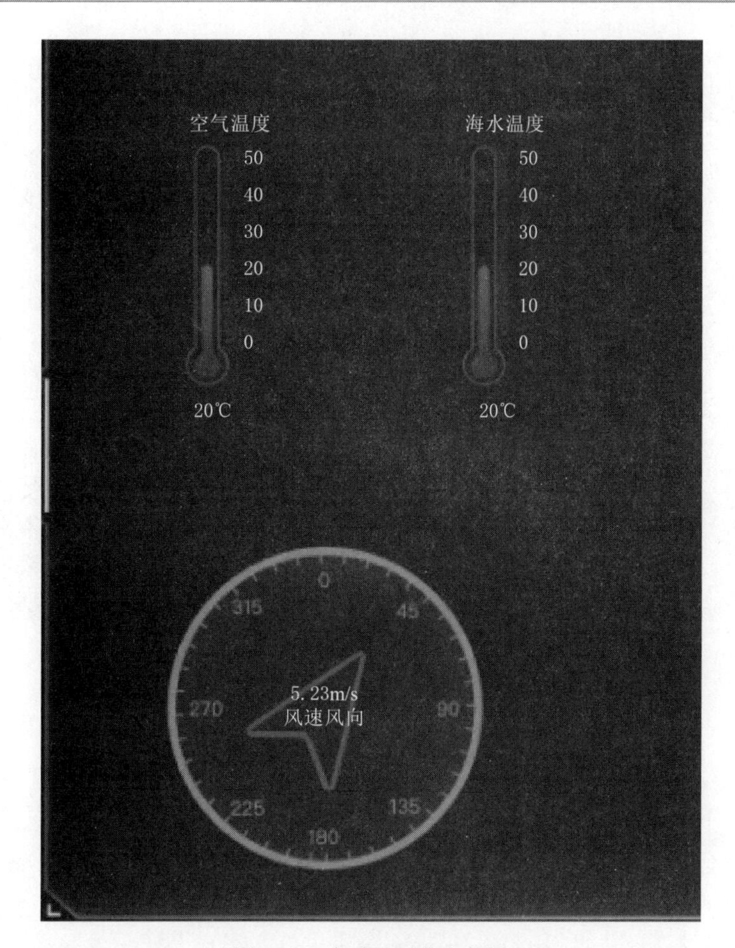

图 5.6 气象监测示意图

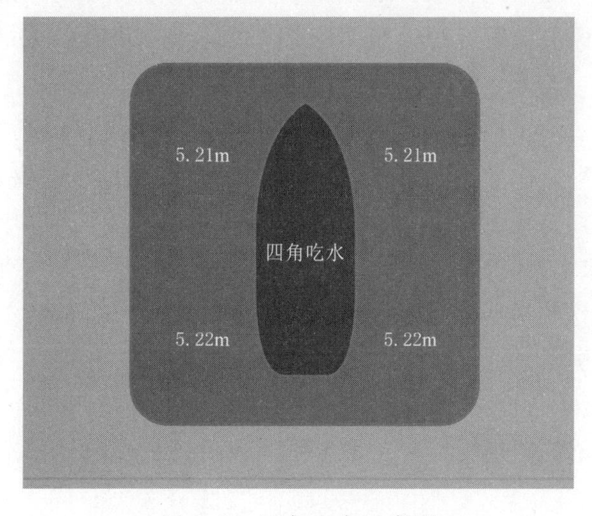

图 5.7 四角吃水示意图

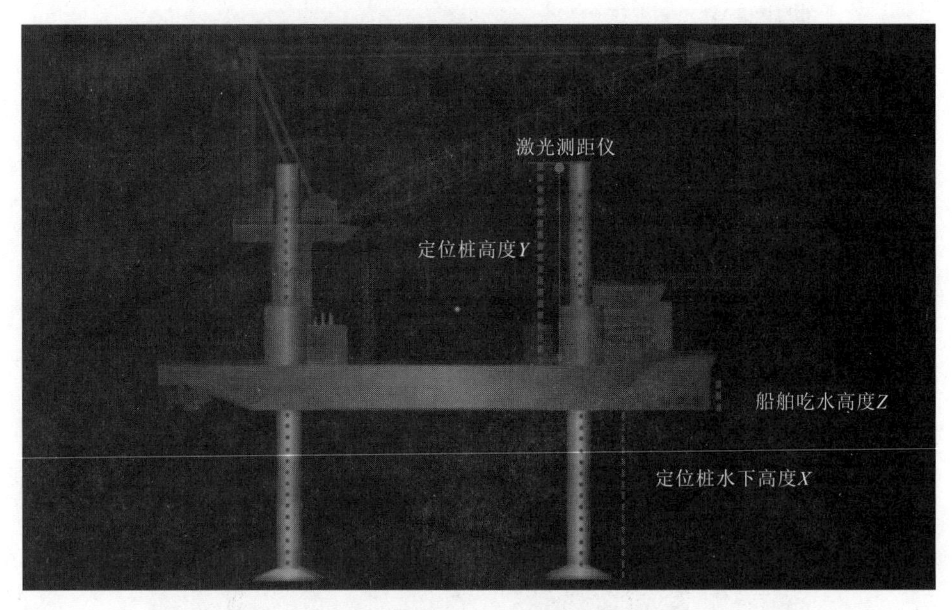

图 5.8　定位桩监测示意图

系统满足船舶作业场景复杂性与差异化需求，设计有自动调节、远程手动控制、本地手动控制三位一体操控模式矩阵，赋予操作人员全方位掌控力。自动调节模式基于高精度传感器实时监测船舶横倾角动态变化，依托内置智能算法精准研判，自主驱动阀门开合、平衡水泵启停，高效调驳左右舷平衡水舱水量，实现横倾状态实时校正，全程无须人工干预，高效应对常规作业波动；远程手动控制突破空间局限，操作人员借助船载网络，于驾驶室、监控室等远端点位，通过操控终端精准下达指令，灵活应对特殊工况微调需求；本地手动控制则作为应急“兜底”手段，在设备近端便捷操控，确保极端情况下系统不失控，多元模式协同，极大增强了系统的灵活性与适应性。

系统嵌入可手动设定最大倾角保护功能，依循船舶类型、载重工况、作业安全规范等要素，精准界定横倾“安全红线”，当船舶横倾角趋近阈值，系统自动触发预警并限制危险操作，防范侧翻风险。同时，增设越控功能选项，针对特定作业场景（如紧急抢修、特殊货物装卸）下用户突破常规限制需求，在严格权限审核与安全校验机制保障下，允许临时越过预设保护限制，以精细功能设计贴合复杂作业实际，兼顾安全与效率平衡。

当运桩、打桩作业引发船舶横倾失衡，系统迅速响应、精准调控，确保船舶姿态平稳，装卸作业不间断推进，避免传统作业因频繁调整船舶姿态导致的时间损耗，提升施工作业效率。

横倾平衡控制系统原理如图 5.9 所示，船舶横倾平衡控制系统组成如图 5.10 所示。横倾平衡控制系统布有多个压力式液位传感器，实现 8 个压载舱、2 个油舱、

1个污油水舱、1个生活污水舱以及四角吃水共计16个点位的液位高度测量，结合倾角传感器和抗横倾调驳泵实现船体的防横倾调整。同时船舶以可视化图形语言“拆解”复杂电控逻辑、设备布局关联，从平衡控制单元核心架构，到阀门、水泵、水舱协同链路，再到传感器监测点位分布，皆清晰呈现，为系统安装调试、故障排查、升级改造筑牢技术认知“根基”，保障系统全生命周期稳健运维。

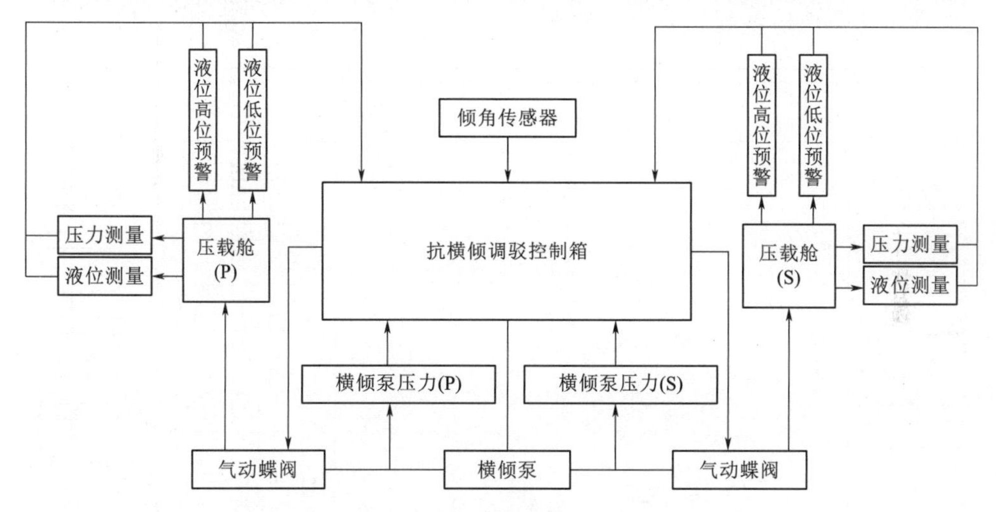

图5.9　横倾平衡控制系统原理图

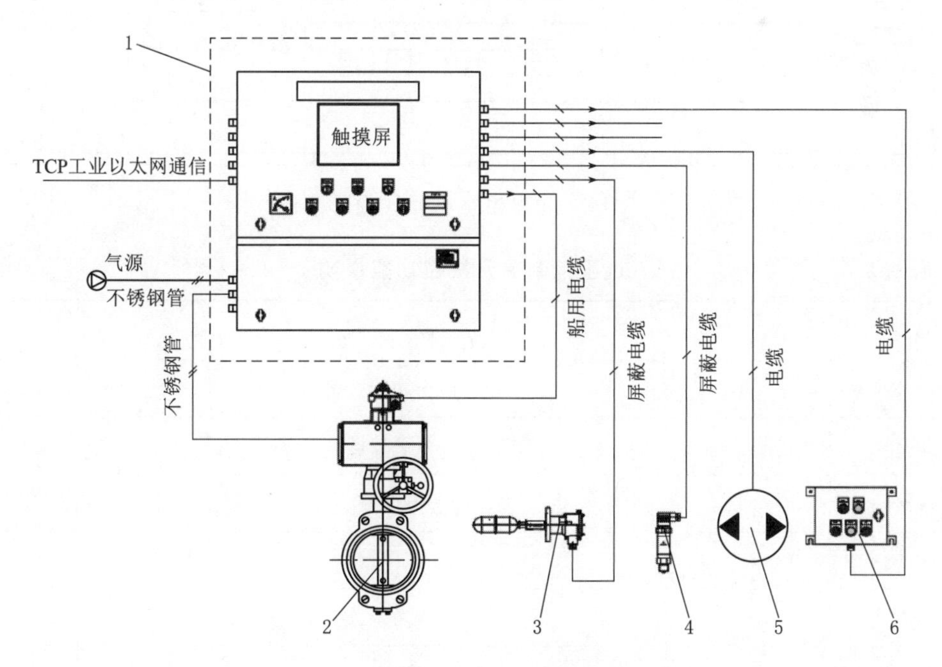

图5.10　船舶横倾平衡控制系统组成

1—调倾系统控制箱；2—气动蝶阀；3—浮球式液位报警传感器；4—压力测量传感器；5—调倾泵；6—就地控制盒

船舶横倾平衡控制系统包括远程控制单元、主控箱、电机驱动箱。

1. 远程控制单元

船舶横倾平衡控制系统包含 2 个远程控制单元 RCU1 和 RCU2，RCU1 为嵌入式安装于集控室，主控箱壁挂安装于理货间，RCU2 安装于主控箱箱门上。操作控制单元是一款高度集成的嵌入式控制器。远程控制单元界面示意如图 5.11 所示，按钮功能说明和主要规格参数见表 5.2 和表 5.3。

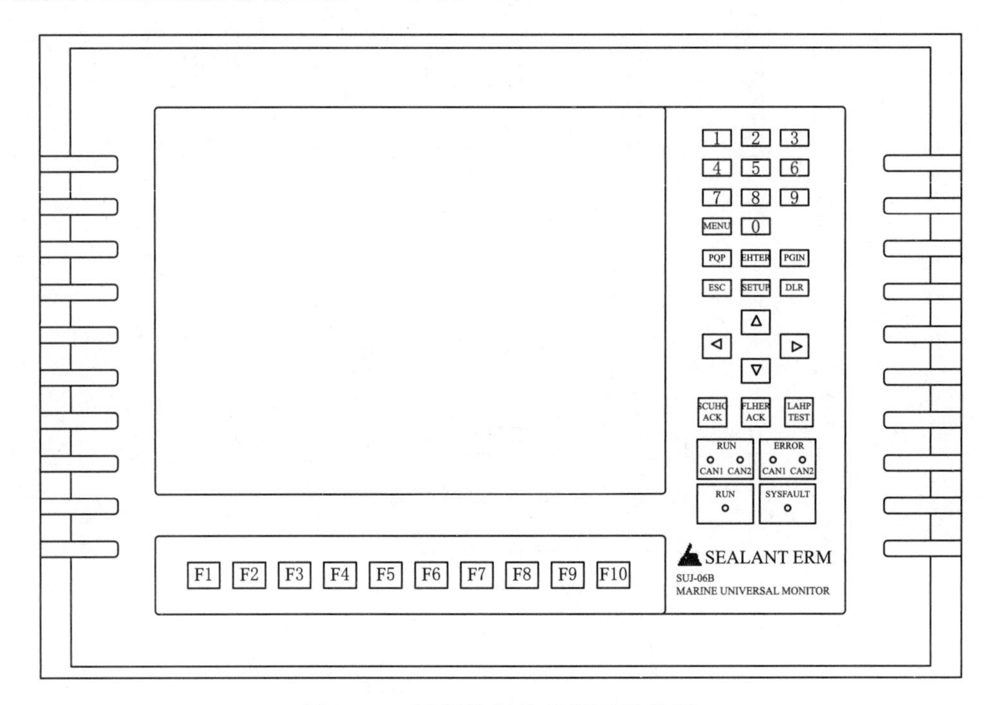

图 5.11　远程控制单元界面示意图

表 5.2　　远程控制单元按钮功能说明

按键	说　明
F1～F10	特殊功能按键
0～9	数字按键
↑↓←→	方向键
PGUP/PGDN	方向键
MENU	背光开关
ENTER	确认键
ESC	取消键

续表

按键	说　　明
CLR	退格键
SETUP	配置键
LAMPTEST	蓝色带灯按键，用于试验 OP 面板的 LED
SOUNDACK	红色带灯按键，报警发生后指示灯闪烁。按下指示灯熄灭
FLICKERACK	黄色带灯按键，报警发生后指示灯闪烁。按下按键，指示灯停止闪烁，直到所有报警故障解除，指示灯熄灭
BUZZER	蜂鸣器，内置。报警发生后激活蜂鸣功能。按下 SOUNDACK 按键，OP 蜂鸣器停声

表 5.3　　操作控制单元主要规格参数

规　格	参　　数
显示屏	10.4″触摸屏
分辨率	800×600
键盘	面板专用键盘
电源	DC24V@800mA
接口	2 * USB HOST 2 * RS－232（1 * RS－485） 2 * CAN 1 * 10/100Base－T RJ45 8 * DI/DO

2. 主控箱

主控箱是默认的主控单元。主要具有以下功能：

1）电源：绿色指示灯，及指示主控箱 DC 24V 供电状态。

2）试灯：蓝色按钮，用于测试主控箱及 NO.1 和 NO.2 远程控制箱的所有指示灯和蜂鸣器。

3）消声：红色带灯按钮，警报发生后指示灯闪烁，按下按钮停止警报声音同时确认警报，指示灯熄灭。

4）蜂鸣器。警报发生触发蜂鸣，按下 SILENCE 按钮停止蜂鸣。

5）本地/远程/自动：三项选择开关，用于系统权限选择。

6）越控：手动复位型蓝色带灯按钮，按下按钮启动越控，指示灯常亮，复位按钮停止越控，指示灯熄灭。

7）最大保护角报警：红色指示灯，本地手动模式调驳超过预设保护角时指示灯点亮，直到倾角恢复正常，指示灯熄灭；本地手动模式启动越控后触发平衡舱低低位报警时指示灯点亮，直到报警恢复正常，指示灯熄灭。

主控箱界面示意如图 5.12 所示，核心参数见表 5.4。

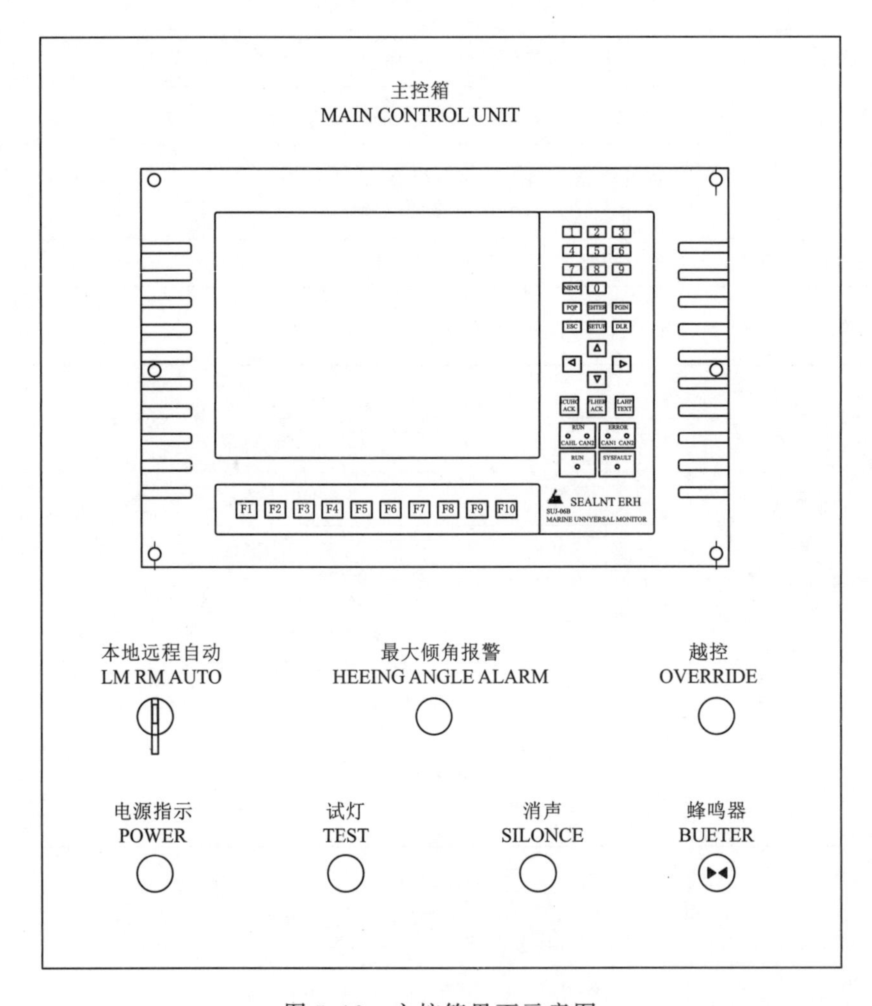

图 5.12　主控箱界面示意图

3. 电机驱动箱

电机驱动箱用于系统供电，及双向泵的监测和控制。主要具有以下功能：

（1）小时计：记录泵运行时间。

（2）电流表：显示泵运行电流。

（3）电源指示灯：绿色指示灯，指示电机驱动箱电源。

（4）烘潮：红色指示灯，电机不工作时，自动打开烘潮。

表 5.4 主控箱核心参数

规　　格	参　　数
电源	AC 220V 50Hz/60Hz
防护等级	IP44
工作温度	0～55℃
冷却方式	自冷
控制箱尺寸	630mm×760mm×200mm
安装方式	壁挂式

(5) 正常/维修：选择开关，正常模式为控制系统控制；维修模式为电机驱动箱单独控制。

(6) 左驳/停止/右驳：泵控带灯按钮，左驳/右驳为绿色，按钮按下，启动泵左转/右转；泵运行，左驳/右驳绿色指示灯点亮，停止红色指示灯灭；停止为红色，按钮按下，停止泵；泵停止，停止红色指示点亮，左驳/右驳绿色指示灯灭。

(7) 左阀打开/左阀关闭：阀门控制带灯按钮，左阀打开为绿色，按钮按下，打开左阀；阀门打开，左阀打开绿色指示灯点亮，关闭红色指示灯灭；左阀关闭为红色，按钮按下，关闭左阀；阀门关闭，左阀打开绿色指示灯灭，关闭红色指示灯点亮。

(8) 右阀打开/右阀关闭：阀门控制带灯按钮，左阀打开为绿色，按钮按下，打开右阀；阀门打开，右阀打开绿色指示灯点亮，关闭红色指示灯灭；右阀关闭为红色，按钮按下，关闭右阀；阀门关闭，右阀打开绿色指示灯灭，关闭红色指示灯点亮。

电机驱动箱界面示意如图 5.13 所示，核心参数见表 5.5。

表 5.5 电机驱动箱核心参数

规　　格	参　　数
电源	AC 440V 60Hz
防护等级	IP44

续表

规　　格	参　　数
工作温度	0～55℃
冷却方式	自冷
控制箱尺寸	1200mm×880mm×200mm
安装方式	壁挂式

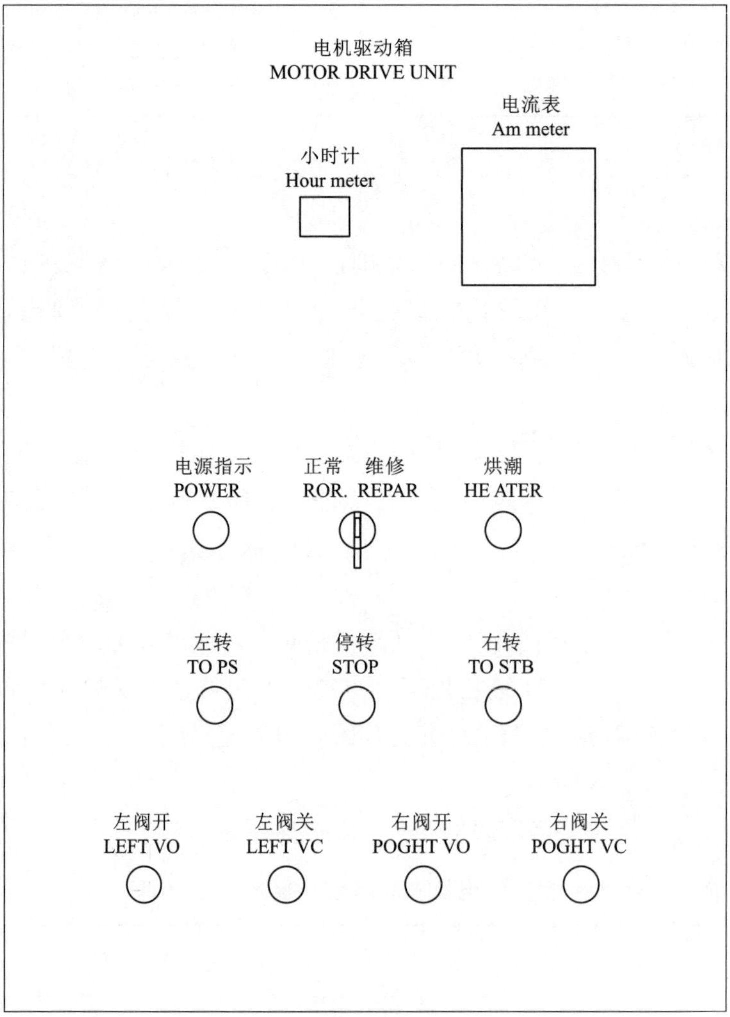

电机驱动箱
MOTOR DRIVE UNIT
电流表
Am meter
小时计
Hour meter
电源指示
POWER
正常　维修
ROR.　REPAR
烘潮
HE ATER
左转
TO PS
停转
STOP
右转
TO STB
左阀开
LEFT VO
左阀关
LEFT VC
右阀开
POGHT VO
右阀关
POGHT VC

图 5.13　电机驱动箱界面示意图

对外输出点位见表 5.6。

表 5.6　对外输出点位

序号	标号	描　述	名　称
1	101	CONTROL MODE	控制模式
2	102	OVERRIDE	越控
3	103	PUMP STATUS	泵状态
4	104	PUMP OVERLOAD	泵过载故障
5	105	VALVE STATUS (P)	左阀门状态
6	106	HEELING TK. (PS) LOW LEVEL	左平衡舱低位
7	107	HEELING TK. (SB) LOW LEVEL	右平衡舱低位
8	108	HEELING TK. (PS) HIGH LEVEL	左平衡舱高位
9	109	HEELING TK. (SB) HIGH LEVEL	右平衡舱高位
10	112	SYSTEM STATUS	系统状态
11	115	HEEL PROTECTION ALARM	横倾保护角报警
12	116	INCLINOMETER STATUS	倾角仪状态
13	117	VALVE STATUS (S)	右阀门状态
14	201	HEELING ANGLE	横倾角度
15	202	MEAN HEELING ANGLE	横倾平均角度
16	301	NO. 1 CANBUS COMMUNICATION	CAN1 总线
17	302	NO. 2CANBUS COMMUNICATION	CAN2 总线
18	401	ZERO SETTING	零位校准
19	402	PROTECTION ANGLE	最大保护角
20	403	START ANGLE	启动角
21	404	STOP ANGLE	停止角
22	405	ALARM BLOCK	报警闭锁

注　由船厂负责施工安装。

5.5.2 打桩定位系统

打桩定位系统的设计开发旨在解决传统施工方式中遇到的常见问题，大大提高施工效率，是一项对于传统施工方式的革新技术。搭配的桩基施工管理系统使工程管理更加便捷。

系统基于GNSS高精度定位技术的终端数据采集、数据处理子系统，通过采集各施工机械施工过程中的相关机械动作实时数据，并将处理完成后的结果数据及原始过程数据上传至管理平台，实现施工现场的远程实时监控，并定期自动生成施工报表和进度统计图，便于施工管理人员进行管理。

1. 主要功能

（1）实时测量船位，包括停泊方向。

（2）以一定格式导入桩基的设计坐标。

（3）打桩精度可手动输入，吊臂移动到精度范围时，以绿色显示。

（4）显示和记录最终打桩的坐标和高程，导出CAD可识别的坐标信息。

（5）有手持式移动终端，使吊机驾驶室、吊机指挥员同步接收桩基位置信息。

2. 工作原理

实际施工过程中，传感器部件通过有线方式与主控箱进行数据通信，因施工现场环境比较恶劣，通信线束统一采用强固、耐磨型通信线缆，保证系统运行过程中数据通道的稳定性。

打桩定位系统综合利用船载定位站和岸基基准站，采用RTK（Real - TimeKinematic）实时动态载波相位差分技术，实现高精度打桩作业定位。船载定位站灵活随船而动，实时捕捉卫星信号；岸基基准站则扎根陆地，凭借已知的精确三维坐标，稳定接收并解析卫星数据。两者协同运作，依托RTK技术核心机制，即基准站将卫星载波相位观测值与自身精准坐标信息，通过数据链实时传输至船载定位站。船载定位站结合自身观测数据，运用精密算法进行差分处理，校正误差，瞬间解算出厘米级甚至毫米级的高精度位置信息，从而在打桩施工进程中精准把控打桩船位置、桩体垂直度与入土点位，有力保障海洋工程建设诸如港口码头、海上风电基础打桩等作业的精准度与质量。

3. 关键设备

打桩定位系统关键设备为定位基站和定位定向接收机。定位基站采用P2E北斗高精度参考站接收机，定位定向接收机采用CGI - 410定位定向接收机。

（1）定位基站选用P2E北斗高精度参考站接收机，支持北斗、GPS等卫星系统，可提供毫米级载波相位观测值，精度高、稳定性强、通用性高，适用于高精度测绘、形变监测、机械控制、交通、气象、科研以及其他高精度定位应用领域。该

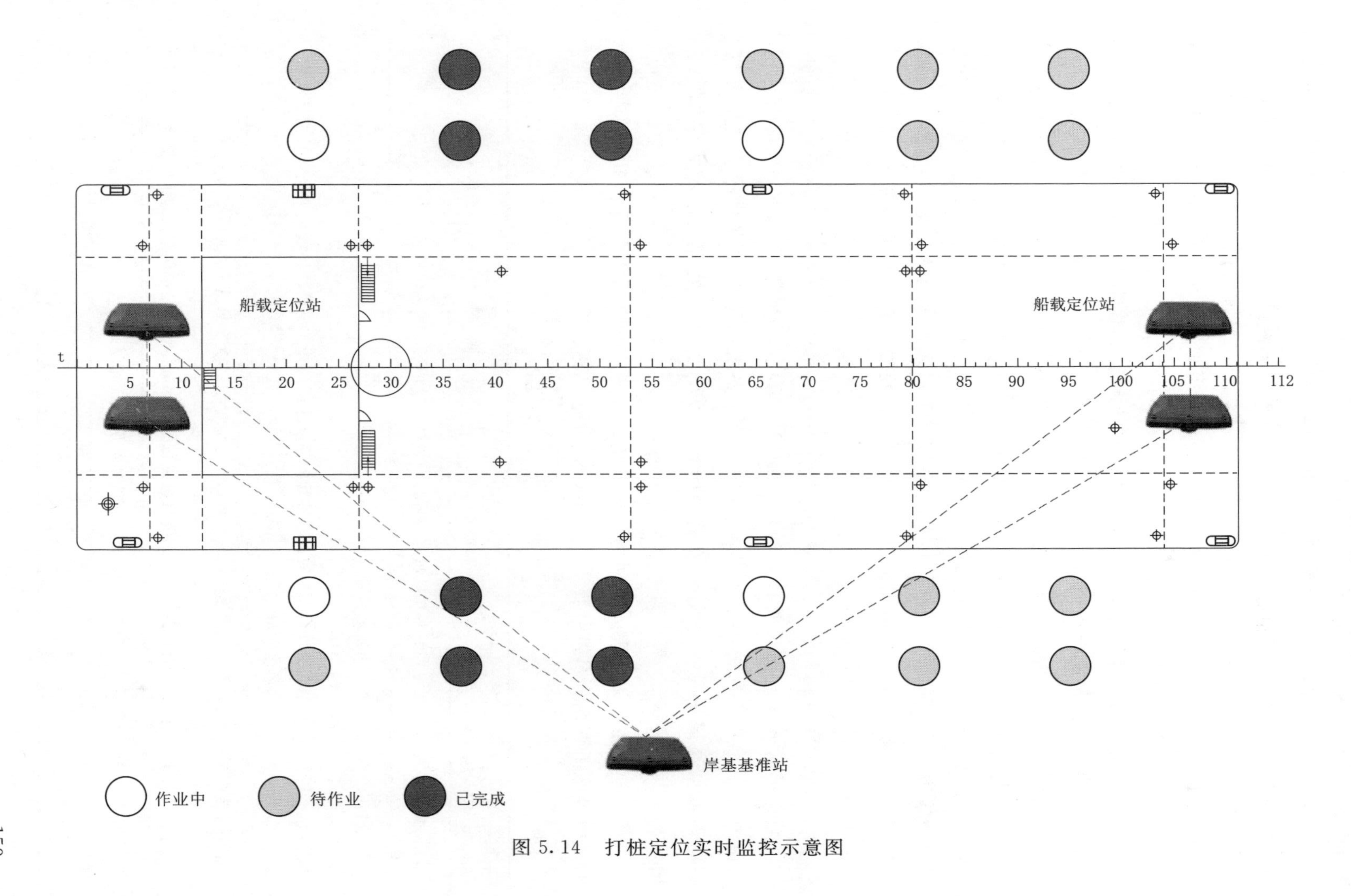

图 5.14 打桩定位实时监控示意图

设备深度融合北斗卫星导航系统前沿技术成果，依托多频点信号接收、载波相位差分等核心技术，能够对北斗卫星信号进行超精密解析处理，实时输出厘米级精度的三维坐标信息。在港口、码头等复杂电磁干扰、多建筑物遮挡的作业环境下，P2E接收机凭借高灵敏度天线与智能抗干扰算法，稳定锁定卫星信号，持续、精准地为整个打桩定位系统提供可靠参考坐标原点，指引后续打桩作业方向。

（2）定位定向接收机（CGI-410）作为系统的“精度指南针”，聚焦方位测定与动态跟踪功能。其集成先进惯性导航、卫星信号处理等多元技术，在接收北斗卫星信号的基础上，结合内置高精度陀螺仪、加速度计等传感器数据，不仅能精准解算出自身实时位置，更可精确测定设备朝向角度，输出方位精度达亚度级甚至更高水准。在打桩作业全程中，定位定向接收机紧密跟随打桩设备动态，将位置与方位信息高速传输至控制系统，确保桩体在入土过程中，无论是垂直度调整，还是平面位置纠偏，均可实现毫米级精细把控，为海洋工程建设中打桩作业高质量、高效率开展输送关键“精度动能”。

4. 系统软件

数据处理软件是整个管理系统的大脑，它可以实时处理从系统传输过来的各传感器数据，并根据桩施工工艺和监控指标的需求计算出相应的桩基结果数据，并将该数据通过船载局域网上传至船舶管理平台。数据处理展示结果如图5.15所示。

终端软件主要以实现施工现场数据采集、处理，相关数据展示等功能为主，目的是引导施工现场人员进行施工，可实现的功能见表5.7。

表5.7　终端软件功能

功能名称	功能描述
桩点定位	每一根桩的桩点位置自动定位，生成所需的定位坐标
桩深测量	自动测量每一根桩的桩深
桩管移动速度	软件界面实时提示桩管的移动速度，并在成桩结果数据中统计其拔桩速度、沉桩速度
设计数据导入	可导入施工的设计数据（目前支持.TXT和.CSV两种文件格式）
桩点导航	可根据设计数据进行桩点位置的导航，引导操作手找到施工的桩点位置
历史数据查看	可查看当前桩机工作的所有历史成桩数据
数据实时上传	通过局域网实时上传桩点数据

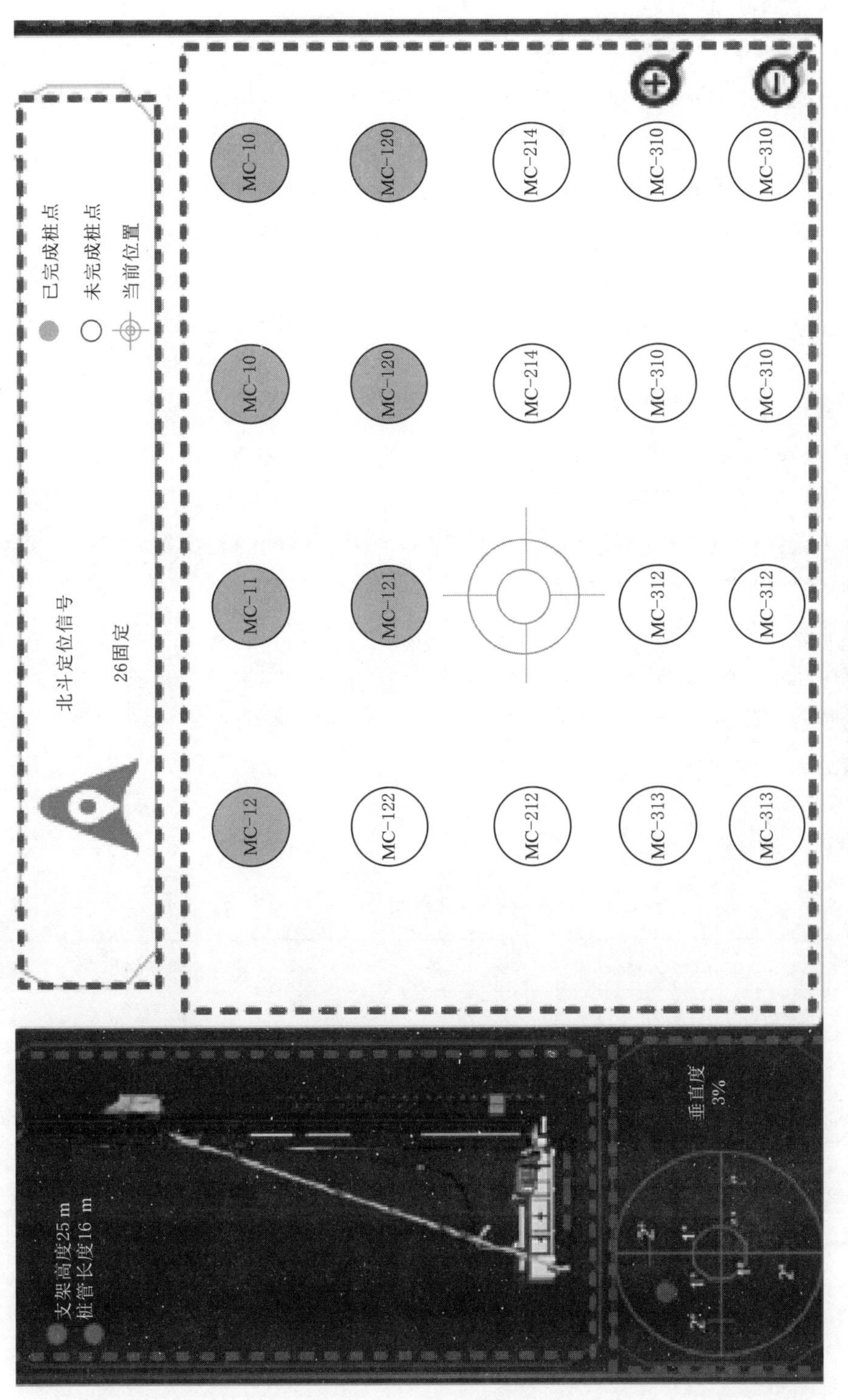

图 5.15 数据处理展示结果

5. 方案实施

（1）基站架设。

1）基站选址。在项目规划范畴内严谨甄选基站架设点位，优先考量稳固水泥围墙作为天线支架锚固基体，运用膨胀螺丝稳固安装，确保基础坚实、抗震防风。选址周边务求开阔无遮挡，地势拔升显著，以保障基站天线高效收发卫星信号。依循工程标准，严格把控高度截止角不低于 15°，此举旨在规避低空障碍物对信号传播的遮蔽与干扰，维护信号链路稳定性与精度。同步、审慎排查周边电磁环境，与高压输变电设施、既有无线电通信设备及收发天线拉开安全距离，规避电磁干扰“雷区”，力保基站信号“纯净”、传输“流畅”。基于单个基站理想辐射半径达 30km 的特性，秉持因地制宜的原则，以此为参照划分作业区间，科学规划、分段布局基站，编织全域覆盖、信号均衡的定位“天网”。

2）基站安装规范。P2E 主机作为核心单元，依循机械装配流程，以适配螺丝精准锁固于机箱内部，构筑稳固物理架构，防范设备位移、松动风险。为应对项目部潜在停电工况，增设 UPS 不间断电源，其具备卓越的储能与稳压特性，即便遭遇长达 12 小时的停电“考验”，也能无缝衔接、持续输出稳定电能，托举设备平稳运行，护航定位服务“不中断”。在设备电气连接环节，定制长度契合现场布线需求的网线，搭建主机与项目部路由器之间高速数据交互“桥梁”，实现数据实时吞吐、精准同步；同步外接适配电源，构建完整供电链路，激活设备全功能模块，为定位系统精准高效运转注入“动力源泉”。

3）设备清单。

基站配置清单见表 5.8。

表 5.8　　基站配置清单

名　称	数　量
定位主机	1
北斗卫星天线	1
数据传输线	1
适配器	1
10m 天线电缆	1
天线支架	1
机箱	1

（2）终端安装。

1）天线安装。GNSS 主天线，择定吊机悬臂上方电动机支架为理想安装基座，采用专业焊接工艺实施稳固连接，旨在达成双重核心目标：一是保障天线处于最优空间姿态，使其能够无障碍、高效捕获卫星信号，奠定精准定位基石；二是凭借坚实焊接点，抵御吊机作业震颤、外力冲击，确保在复杂工况下天线牢固附着。焊接操作进程中，施工作业人员运用精密测量工具，严格校准主天线与桩管相对位置，确保两者呈精准直线排列，契合信号传播与设备协同最优几何构型，从物理结构层面强化定位精度与稳定性。

在后续线缆布设阶段，秉持整齐、规范、安全原则，紧密贴合吊机悬臂既有动力头电缆线路径规划布线走向，达成线缆集成管理、协同防护功效。为防范线缆晃动、松脱，每隔 1～2m 以优质轧带实施紧固处理，强化线缆稳固性与耐久性。

需着重强调的是，此项作业具有高空作业属性与设备联动风险，务必由具备专业资质高空作业人员担纲操作主体。作业启动前，于桩机驾驶室醒目位置悬挂警示标识，严禁设备运转操作，杜绝误操作安全隐患；下方配置协同人员全程待命，依循上方作业指令高效配合，诸如传递工具、辅助物料等，构筑上下协同、安全高效作业模式。同时，在线缆与支架衔接关键节点，精心设计环绕一周布线工艺，巧妙分散接头受力，规避因外力拉扯、振动导致线缆接头松动、损坏，确保信号传输链路稳固、可靠。

副天线肩负辅助定位、信号冗余校验重任，选址于桩机机身后侧尾部开阔地带实施焊接安装，充分利用该区域无障碍视野、低电磁干扰优势，保障天线稳定接收多源卫星信号。焊接施工遵循高标准工艺规范，打造牢固的焊接节点，确保副天线在桩机频繁挪移、复杂作业振动工况下稳固定位，长效发挥效能，与主天线协同作业，为定位系统铸就稳固“双保险”，提升整体定位精度与可靠性。

2）设备清单。终端数据采集设备清单见表 5.9。

表 5.9　　终端数据采集设备清单

序　号	货　物　名　称	数　量
1	高增益天线	2
2	电台天线	2
3	强固全星座天线	2
4	强固型天线电缆线	1
5	其他备用线缆	若干

5.5.3 视频监控系统

本船匠心部署一套集先进技术、多元功能于一体的视频监控系统，依托数字化网络架构与精密硬件配置，筑牢船舶安防与运行可视化管控“铜墙铁壁”，深度赋能船舶安全运营、精细化管理。

1. 系统架构与数据链路

各布控网点的网络摄像机作为前端“视觉触手”，凭借高灵敏度图像传感器与数字化编码技术，将采集的光信号实时转化为数字信号，经船载交换机搭建的高速数据“中枢网络”有序汇聚、高效传输，无缝接入监控网络体系。网络硬盘录像机（NVR）凭借强大算力与海量存储介质，稳扎稳打实现视频实时监控、长效存储、便捷回放及对摄像机云台精细化操控，处理后的视频信号经链路精准投射至显示器，呈现船舶运行实时影像。

2. 前端布控，全域精准覆盖

（1）甲板顶部。控制室甲板顶部精准矗立1台防腐蚀红外云台变焦摄像机，以高站位、广视角“俯瞰”全船，凭借红外热成像与变焦功能，昼夜不息捕捉船舶整体动态，风雨无阻守护船舶安全；甲板室顶左右舷呈矩阵布局各3台同款摄像机及3只广角枪机，“多目协同”聚焦主甲板核心设备，台车穿梭、定位桩作业、绞车运转尽收眼底，不留监控“死角”，为设备运维、作业调度提供可视化依据。

（2）舱室内部。机舱与居住甲板分别部署2台半球红外摄像机，共4台摄像头隐匿于舱顶角落，悄无声息执行安全监控使命，以红外夜视穿透昏暗、高清成像定格细节，严密防范非法入侵、异常状况，为船员生活工作空间“站岗放哨”。

3. 显示与交互，可视化管控

配置专业显示器作为“影像视窗”，呈现前端摄像头回传画面，画质细腻、色彩逼真，支持单独、同时、循环三种显示模式灵活切换，适配多样监控需求。每套鼠标键盘赋予监控人员便捷交互能力，轻点鼠标，即可随心切换图像、操控部分带云台摄像机，实现云台多向转动、焦距精准调节，掌控监控全局。

4. 存储与拓展，长效回溯与兼容并蓄

硬盘录像机以超大存储容量、高效编码压缩技术，确保船端视频数据存储时长不少于30天，为事故追溯、运维复盘留存完整影像资料。作为标准视频服务器，NVR具备卓越兼容性，无缝接入吊机等外部标准摄像头，拓宽监控“视野”。尤为亮眼的是，借助网络通信链路，船端实时与历史视频均可在岸端远程“一键调阅”，实现岸船协同监控，延伸管理“触角”。

5. 核心功能矩阵，智能安防与精细化管理赋能

（1）实时监视。监控人员轻点操作界面，即可实时洞察前端设备影像，灵活运用屏幕分割切换多画面同屏比对、播放比例调整适配显示设备、截屏留存关键帧、数字放大捕捉细节、本地录像应急存档、即时回放回溯几秒前影像、轮巡自动切换

监控点位、辅屏播放拓展显示空间等功能，全方位掌控船舶现场态势。

(2) 云台镜头监控。针对云台摄像机，系统解锁全方位操控指令集，多方向键控（涵盖八向精细操作）、鼠标点击速转、预置位一键跳转、巡航路径定制、转速1～9级精准调节及镜头光圈、变倍灵活控制，以“手眼协同”精度助力监控人员聚焦重点、跟踪目标。

(3) 录像回放。回溯历史录像时，可按需筛选前端设备数据，便捷回放、高速下载剪辑、精准截屏、数字放大影像细节、灵活调整播放倍速（慢放复盘、快放浏览），深挖影像价值，服务安防调查、运维分析。

(4) 设备管理。系统集成IPC、NVR、DVR等多元设备统一管控界面，精准检测设备在线离线状态，实时预警故障设备，实现安防硬件集群高效运维。

(5) 录像管理。依据船舶作业与安防需求，定制录像计划，借助时间模板自由勾勒各通道不同时段录像“蓝图”，分时分类存储影像，优化存储资源利用。

(6) 系统设置。提供涵盖系统基础参数、硬盘存储策略、网络通信配置、安全权限管控等一站式设置选项，夯实系统稳定、安全运行根基。

5.5.4 安全监测系统

安全监测系统主要用于对本船作业过程中可能存在的安全风险点进行监测、评估、预警。

1. 数据采集配置

基于核心数据采集能力，系统提供丰富的展现形式，包括仪表盘、温度计、压力表、模拟量、开关量等。

2. 数据呈现配置

通过对各类信号点的组合、拼装，形成各类展示组件，如图5.16～图5.18所示。

3. 数据报警配置

系统支持灵活的报警规则配置，包括模拟量阈值报警、开关量报警、组合报警、决策报警等，并支持配置报警决策建议，如图5.19所示。

4. 决策组配置

单项数据报警无法满足全船日常安全监管，因此本系统在单项报警的基础上增强了决策组配置逻辑，通过对多组报警信号设置影响系数，再通过综合系数可能影响的决策建议辅助船舶管理，提升设备使用水平，如图5.20和图5.21所示。

5.5.5 机舱动态监测系统

机舱动态监测系统主要对机舱内设备的运行参数进行监控，实时采集辅机、液

1号主机	编辑　删除
1号主机负载	91 %
1号主机燃油进机压力	0
1号主机燃油进机温度	25 ℃
1号主机运行时间	19718 min
1号主机轴转速	0 RPM
1号主机瞬时油耗	0 kg/h
1号主机瞬时回油质量	0 kg/h
1号主机瞬时进油质量	0 kg/h
1号主机累计耗油量	5209.68 kg
1号主机累计进油质量	29867.71 kg

2号主机	
2号主机功率	0 kw
2号主机负载	91 %
2号主机燃油进机压力	0
2号主机燃油进机温度	25 ℃
2号主机运行时间	19708 min
2号主机轴转速	0 RPM
2号主机瞬时油耗	0 kg/h
2号主机瞬时回油质量	0 kg/h
2号主机瞬时进油质量	0 kg/h
2号主机累计耗油量	3470.9 kg

图 5.16　模拟量组合界面

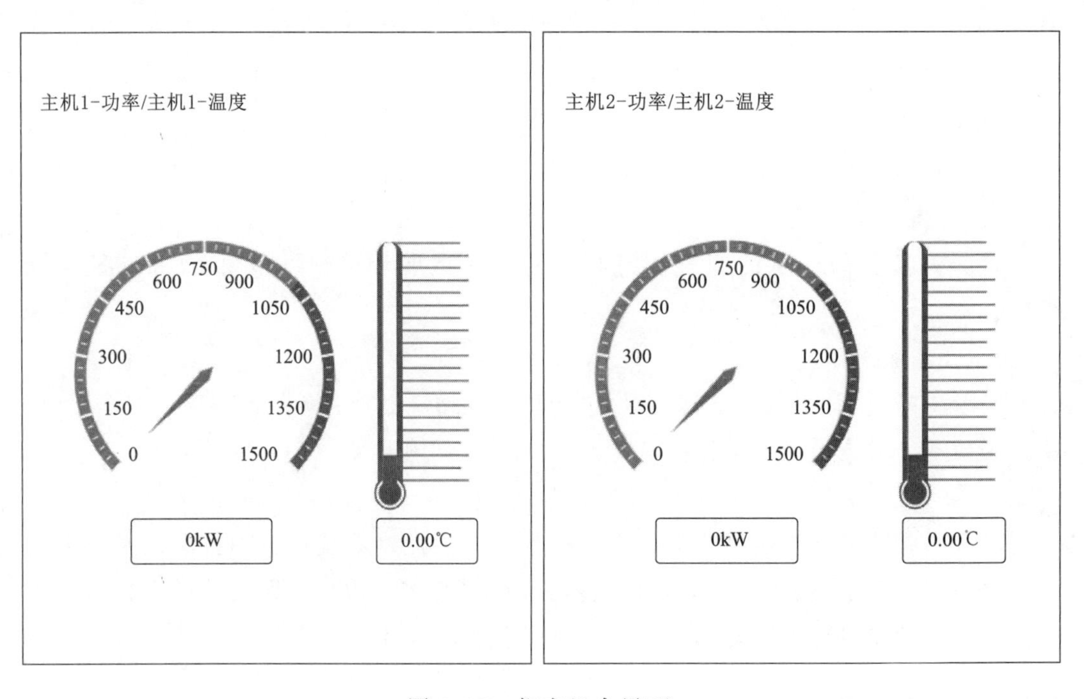

图 5.17　仪表组合界面

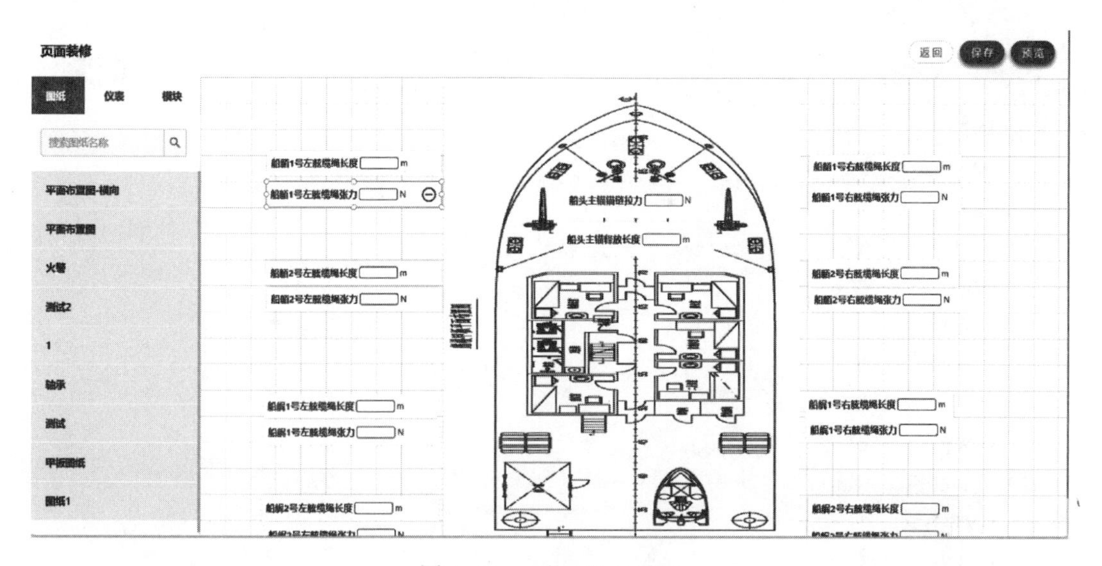

图 5.18　页面配置界面

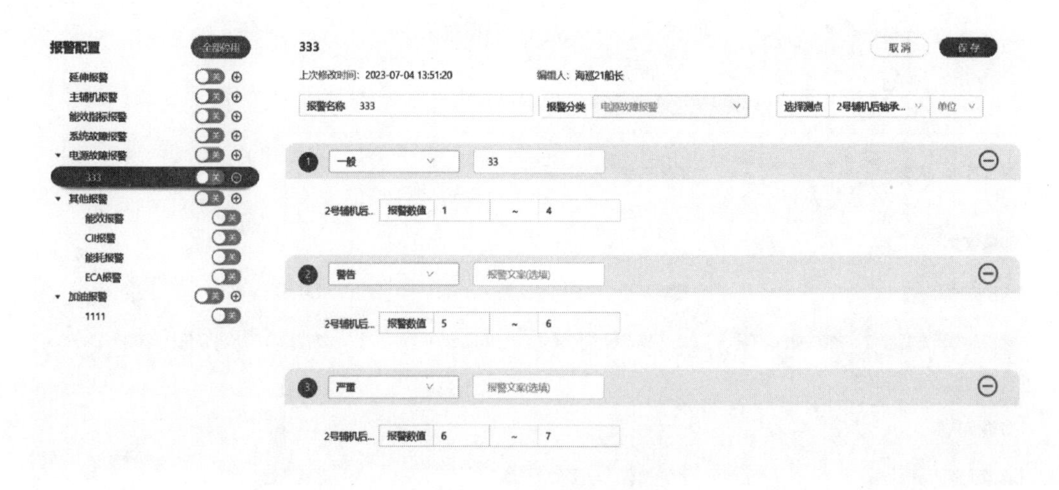

图 5.19　报警配置界面

位等相关设备状态信息，并对关键数据信息进行处理，以数值、图形、柱状图等方式直观明确地展示在显示终端上，方便操作人员进行观察，以随时确认设备运行状态。在设备发生故障时，系统将及时发出警报，警示操作人员对设备进行故障排查和维修。

同时系统可通过船载网络链路将采集到的数据或处理后的内容同步到岸端数据中心，便于其他用户实时查阅、调取、掌握船舶机舱设备运行数据变化。机舱动态数据将储存在岸端存储设备内，用户可对一定时间范围内的数据进行追溯回顾，查看历史数值波动变化。系统可对接机舱综合监测报警系统，将采集到的数据用于机舱动态展示，如图 5.22 所示。

图5.20 决策组配置界面

图5.21 决策组解析过程

1. 火警动态监测

火警动态监测接收来自火灾报警控制器的数据，可以将火灾报警系统的工作状态同步到火警动态，实现远程显示。当发生火灾时火警报警控制器会显示报警位置，船舶动态系统界面采用平面图纸模式显示发生火灾的详细位置，同时通过网络传输将报警信号反馈到岸上中央控制室。信息显示屏可显示报警、故障、失电等功能，并且系统可以查询历史记录。火灾报警集成显示示意如图5.23所示。

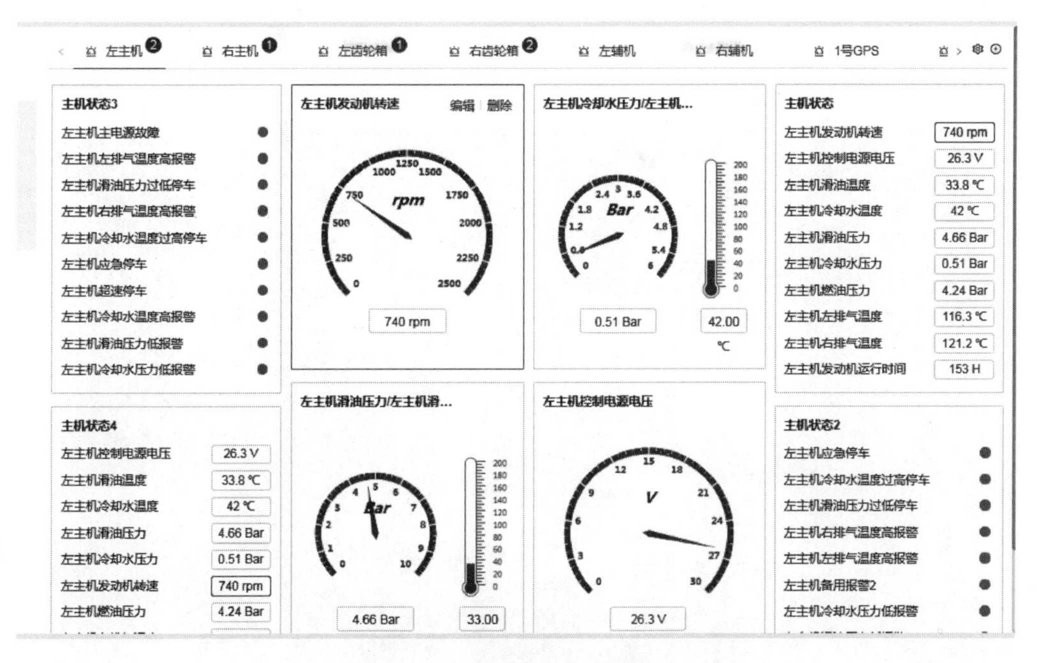

图 5.22 机舱动态示意图

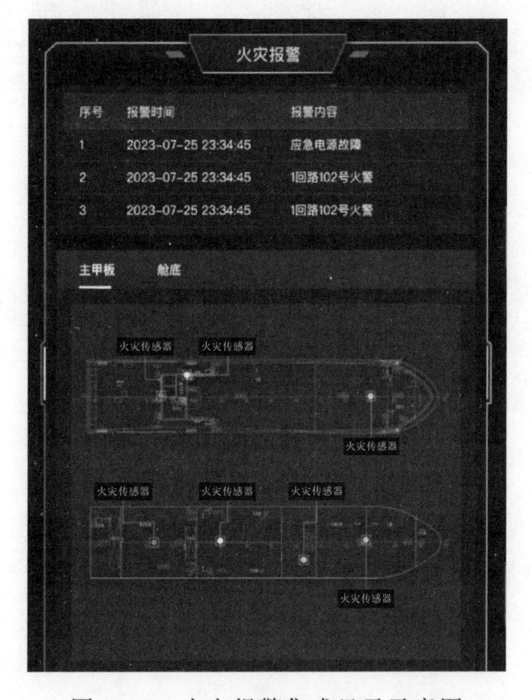

图 5.23 火灾报警集成显示示意图

2. 吊机动态监测

吊机动态监测主要采集吊机的运行数据，包括负荷、载荷、臂展等，并设置报警阈值，在吊机工作极限范围内及时预警。同时根据吊机的双吊臂运动情况，计算两个吊臂的作业位置及运动趋势，在双吊臂安全极限和危险范围内及时预警。吊机动态监测示意如图 5.24 所示。

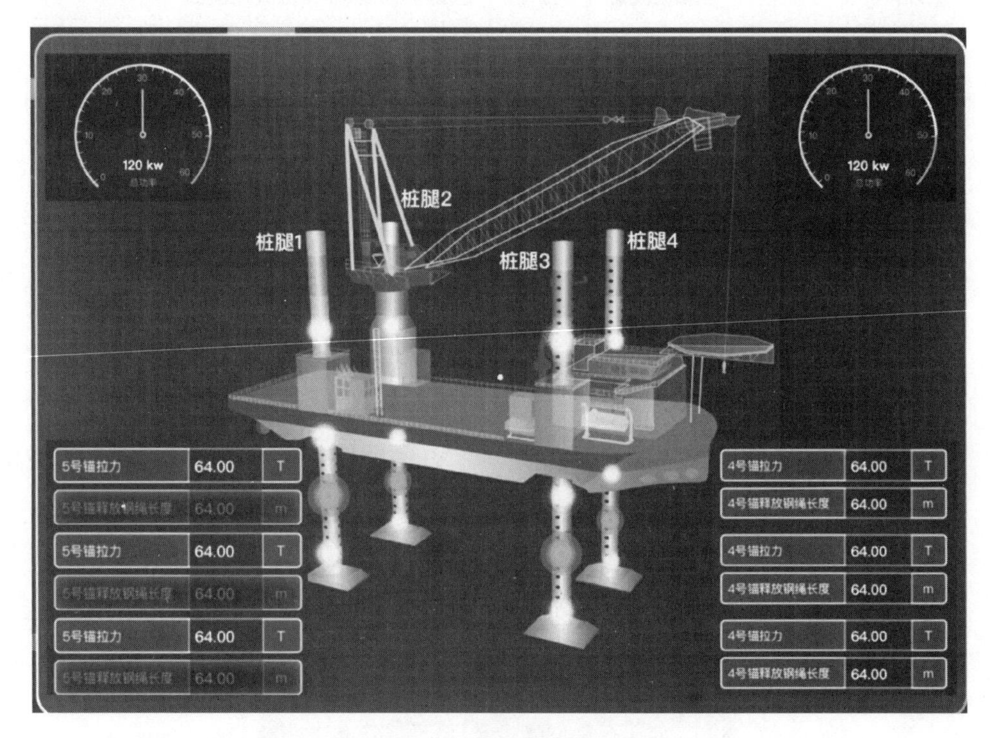

图 5.24　吊机动态监测示意图

3. 锚链动态监测

锚链动态监测具有锚链（钢丝绳）释放长度监测及拉力监测两大功能。锚机设备可直接输出锚链释放长度及拉力，锚链动态监测通过与锚机对接，采集相应数据，并设置报警阈值，在锚链极限范围内进行及时预警。锚链动态监测示意如图 5.25 所示。

5.5.6　能效管理系统

本船集成了一套前沿能效管理监控系统，深度融合多元先进技术与精细管控策略，全方位洞察、调控船舶能效“脉搏”，领航船舶驶向绿色、高效航运新航道。

系统架构底层依托高灵敏度传感器网络，广泛布设于船舶动力机舱、电力系统、推进装置、辅助设备等核心部位，精准采集燃油流量、主机转速、功率输出、发电机负载、冷却水温等关键能效参数，借助智能数据采集终端完成信号调理、模数转换，以数字化“信息流”形式经船载高速网络汇聚至中央处理单元。中央处理单元内置复杂能效分析算法、船机性能模型，对海量实时数据深度挖掘、精

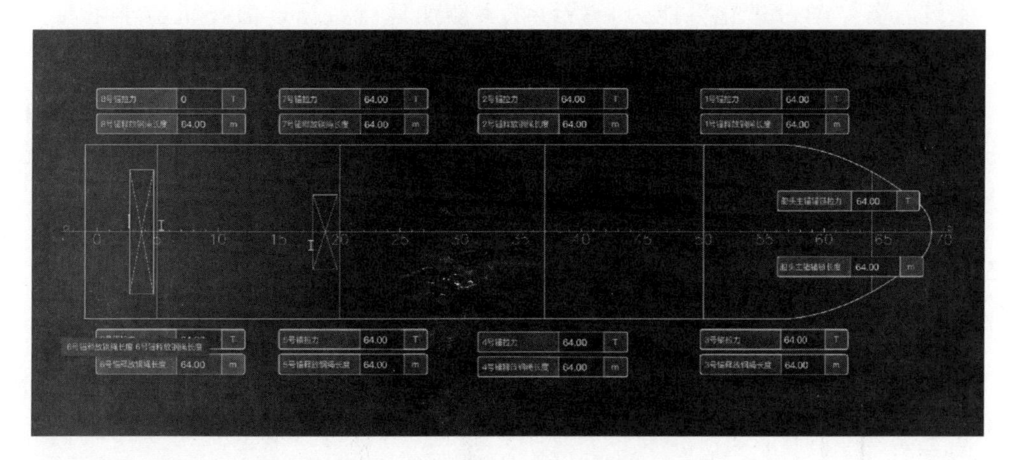

图 5.25 锚链动态监测示意图

密运算，精准评估船舶实时能效状态，对标历史数据、行业标准寻找差距、分析趋势。

可视化交互界面以直观图表（柱状图、折线图、饼图等）、三维模型（船舶动力系统动态仿真、能效热点图）呈现能效指标，船员于驾驶台、集控室轻点屏幕，便能洞悉船舶各工况（航行、停泊、装卸货）能效全貌，定位高耗能环节。系统支持自定义能效阈值预警，一旦油耗超标、设备低效运行，即刻声光报警，辅助船员及时调整航速、优化设备启停组合、改善操作流程，实现航行“降本增效”。能效管理界面如图 5.26 所示。

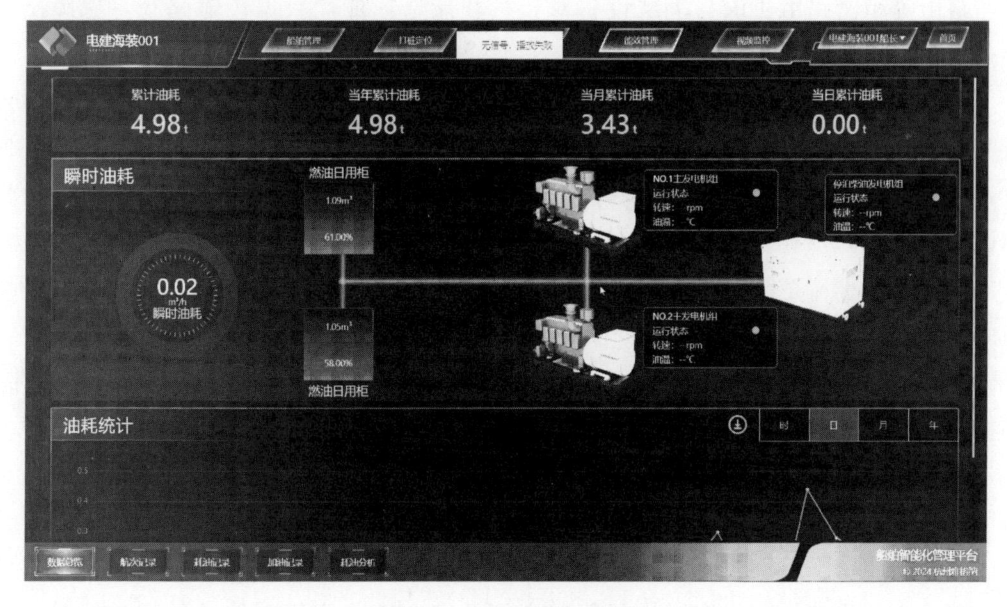

图 5.26 能效管理界面

系统具备“学习进化”能力，持续积累船舶运行数据，依托机器学习算法不断优化能效模型、精准预测能耗走势，为船舶量身定制节能航线规划、设备维护计划，从战术运营到战略决策全链条赋能船舶绿色转型，契合国际海事组织节能减排新规，助力船东降本增效、提升市场竞争力，为守护海洋生态贡献“航运智慧”。

5.5.7　船舶网络系统

1. 网络基础系统

船舶局域网秉持前沿网络架构理念，依循层次化、模块化设计范式精铸而成，为海量数据高效流转、系统稳健拓展预铺坚实基石。鉴于基础设施服务平台内部数据洪流汹涌，特采用核心＋接入的二层物理网络架构，全面提升处理效能，确保信息畅行无阻。按网络链路功能，整个网络架构分成三个层：网络出口层、网络核心层、网络接入层。

（1）网络出口层。作为船舶局域网对外“门户”，网络出口层身负双重关键使命：于外，以稳健链路与外部广域网无缝桥接，打破信息“孤岛”，畅联外部数字世界；于内，与数据中心核心层交换设备紧密“握手”，构筑数据高速互通“匝道”。借由精心部署边界安全防护与交换设备“软硬件协同防线”，既护持用户访问数据中心资源“一路畅通”，又严密防范外部非法入侵，以多重加密、身份校验、流量审计等手段，护航跨网数据安全，确保船舶数字资产安全。核心交换机则依托OSPF或静态路由等精密路由协议与上层设备对接，智能选择最优数据传输路径，保障出口层高效吞吐、稳定运行。

（2）网络核心层。网络核心层向上与出口路由紧密互联，承接外部数据“输入指令”；向下汇聚接入层交换设备，编织内部数据“高速交换网”。此层聚焦核心使命，以高性能核心交换机构筑“硬核支撑”，甄选具备高可靠、大带宽、低延时特性的设备及链路，依托全交换硬件体系架构“底层算力”，解锁全线速IP交换能力，令主干线路数据流速飙升，确保各物理功能区数据交互“瞬息即达”，夯实船舶网络高效运行根基。

（3）网络接入层。网络接入层以网内接入交换机为“触角”，巧用光纤“纽带”与核心层紧密相连，搭建终端设备入网便捷通路。接入交换机上行高效输送各舱室终端数据至核心层，为船舶作业、办公等多元场景提供稳定、高速网络接入，激活船舶数字生态“微循环”。

2. 主要功能

（1）有线网络。有线网络恰似船舶内部管理与业务应用系统“数据传输动脉”，贯穿作业、办公关键区域，凭借双绞线“脉络”编织主干网络，精准接驳各舱室网络终端，深度嵌入船舶运营肌理。网络交换机以10Mb/100Mb/1000Mb/10000Mb自适应接入“宽口径”从容接纳海量视频、全船数据，高效采集、传输、处理、存储管理业务数据，为船舶日常运营筑牢数字化根基，保障各类业务系统稳健运行、协同联动。

（2）全船Wi-Fi覆盖。全船Wi-Fi覆盖，以无线AP为“桥墩”，横跨生活区、会议室、甲板等核心区域，无缝衔接4G/5G无线船站与卫星链路，解锁多元上网接入路径，既助力船上数据云端共享，又赋能邮件随心收发。于关键点位布控网络接口与无线AP搭档，构建生活区无线网络，让船员无论身处办公室筹划调度、机舱监控设备运行，抑或在休息舱室放松休憩，皆能畅享无线访问便利，步入数字化办公与生活“快车道”。

（3）网络安全。网络安全模块精心构筑“四位一体”防护矩阵，以防火墙、上网行为管理、日志审计、入侵监测设备为“坚盾利矛”，全方位捍卫网络传输数据安全。防火墙依循精细访问控制策略，深度剖析数据包“身份信息”，从源地址、目的地址、通信协议到端口逐一甄别，精准拦截非法违规操作；会话监控策略自动清理非活跃及过期会话，迫使用户重验身份、依规访问；防攻击策略抵御ARP欺骗等网络“暗箭”，为船舶网络安全“保驾护航”。

（4）4G/5G无线通信系统。4G/5G无线通信系统凭借通信链路与信号放大“双轮驱动”，激活船岸互联互通“新引擎”。通信链路以4G/5G路由器、全网通室外天线及SIM卡（船东自备）“黄金组合”，拨号即启岸基网络接入“直通车”；信号放大系统巧借室外接收天线、增强主机及室内吸顶天线“协同增效”，将运营商基站信号“聚能放大”，穿透舱室壁垒，即便在机舱等信号“盲区”也能满格“续航”，让船员舱内畅享上网、通话便利，紧密维系船岸“数字纽带”。

（5）卫星通信系统。预留船载动中通天线配置，为船舶远洋航行量身定制卫星通信方案。S060-14H-W型0.6m Ku频段船载动中通系统以高精度捷联惯导与信标跟踪技术，内嵌Modem、GPS模块，在恶劣海况亦能精准“锁定”卫星，稳保信号收发稳定，流畅承载视频、语音、数据多元业务，为船岸远程监控、数据同步筑牢远洋通信“可靠后盾”。天线安装选择水平、便于布线、无遮挡，且避高温、烟尘、振动及电磁干扰之地，确保系统长效、稳定运行。

5.5.8 统一门户管理系统

船舶统一门户管理系统作为船舶数字化运营管控的“一站式集约中枢”，深度融合前沿信息技术与精细管理逻辑，构筑多元核心功能模块，以“一站式”访问体验、精细化权限管控、定制化信息呈现，重塑船舶业务流程交互范式，激活船舶管理效能“乘数效应”，领航船舶运营管理迈向高效协同、精准管控新航道。

1. 一站式单点登录与访问集成

系统基于先进的 RBAC（基于用户-角色-权限）架构体系，精心打造统一登录与用户验证“智能门禁”。船员仅需凭借一组专属认证凭据（如用户名与密码、生物识别信息等），在门户界面单次登录操作，系统即依托后端精密权限引擎闪电校验身份、解析角色权限，无缝打通“数据绿色通道”，精准解锁该用户权限范畴内全部应用系统访问权限，摒弃传统多系统重复登录繁琐流程，实现跨业务系统“无感切换”、一站式便捷操作，让船员聚焦业务执行，免受频繁认证困扰，显著提升操作效率与用户体验。平台登录界面示意如图 5.27 所示。

图 5.27　平台登录界面示意图

2. 信息聚合与多元展示平台

系统前端聚焦船员资讯获取与船舶状态洞察需求，匠心雕琢通知公告、船舶概况等核心展示板块。通知公告板块实时推送航行指令、作业调度、安全提醒等重要资讯，确保信息精准触达、全员知悉；船舶概况板块则运用图文并茂、数据可视化手段（如 3D 船舶模型、动态图表），全景展示船舶基本参数、设备运行状态、航行轨迹等核心数据，助力船员“一眼尽览”船舶全貌，为决策制定筑牢信息根基。

3. 精细化软件系统配置与管理

系统后台解锁软件系统深度设置“管控魔方”，聚焦系统模块启用禁用、菜单布局定制、功能参数精细调校等维度，为船舶 IT 运维人员提供便捷配置工具，依循船舶业务流程演进、设备更新迭代，灵活定制软件系统功能“生态”，适配多元作业场景需求，确保系统运行贴合船舶运营实际，赋能软件系统长效运维、持续优化升级。

4. 全方位用户角色权限管控引擎

系统依托 RBAC 体系，精密打造用户角色权限管理“三驾马车”：权限维度，围绕系统各模块、菜单、功能点逐一拆解、精细定义访问级别（如只读、读写、管理权限），绘制清晰权限“蓝图”；角色维度，基于业务职能分工，汇聚同类权限组建船长、轮机长、水手等多类型角色“权限集”，贴合船舶岗位权责逻辑；用户维度，嵌入船舶组织机构层级，以用户与角色绑定机制，为每位船员精准“适配”权限“外衣”，并辅以日志查询功能，全程记录、回溯用户操作轨迹，强化安全审计与合规管理，护航权限管控精准、高效、安全落地。RBAC 权限控制体系如图 5.28 所示，角色与功能匹配如图 5.29 所示。

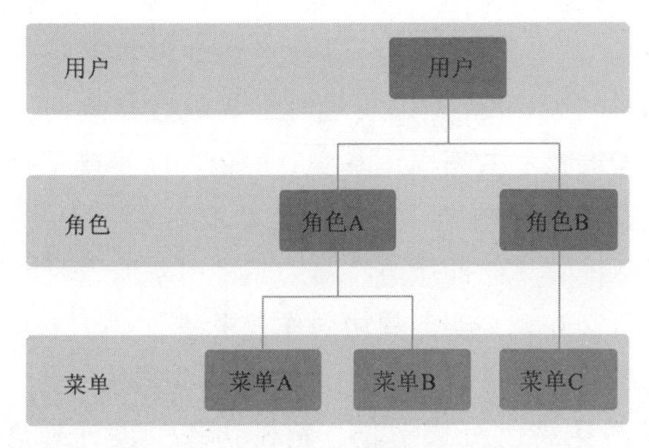

图 5.28 RBAC 权限控制体系

图 5.29 角色与功能匹配

凭借上述多元核心功能协同发力，统一门户管理系统打破船舶各子系统间“数据壁垒”与“操作孤岛”，对内优化管理流程、提升协同效率，对外适配不同业务、机构与用户个性化诉求，以统一平台承载多元业务生态，全面契合船舶日常运营时效性、统一性管理刚需，铸就船舶数字化运营坚实“基石”。

5.5.9 船岸数据同步系统

船岸数据同步系统作为船岸一体化管理平台的“数字经络”，以创新的数据同步机制、多元传输技术为“经纬线”，精密编织船岸数据互联互通“纽带”，贯通船端与岸基业务流程，重塑船岸协同指挥与管理模式，为海事运营注入高效、精准“数字基因”，驱动船岸管理效能实现质的飞跃。

1. 船岸一体化架构

船岸一体化管理平台由岸基应用系统与船端应用系统紧密协作、交相辉映。两者作为平台“一体两翼”，为契合复杂海事业务场景下数据时效、精度差异化诉求，亟待构建高效数据同步“大动脉”，以实现海量船舶监控数据、直观视频图像资料、关键录音录像档案等船端核心数据向岸基实时回传，同步确保任务说明、精细规划、区域划分等岸基任务指令数据精准“投递”至船端一线，依循数据重要性、类型特质，借助软件系统灵活配置“时间魔方”与“频率引擎”，智能调控同步节奏，保障数据按需、按时、按量交互，夯实船岸协同作业根基。

2. 系统功能层级

船岸数据同步软件秉持“分层解耦、精密协作”设计理念，匠心雕琢管理控制、运行服务、传输“三层架构”协同体系，各层各司其职、环环相扣。管理控制层统揽交换配置精调、任务调度编排、系统运维管控、运行时服务保障及数据传输链路监管等核心职能，以“中枢大脑”算力与策略，统筹全局数据流向、流量；运行服务层承接管理指令，高效驱动数据封装、解析、校验等流程；传输层则以消息、WebService、HTTP 等多元协议通信矩阵，搭建跨平台、跨语言“数据高速路”，适配复杂网络环境与异构系统对接需求，确保数据“无损”“极速”传递。

3. 接口与耦合管控

系统特设接入服务作为各业务系统登录唯一“门禁”，凭借规范、前沿接口设计范式，在业务系统与数据同步软件间搭建“桥梁”，降低系统间黏度，打破技术壁垒，解锁跨平台、跨语言调用能力，实现业务系统“即插即用”高效接入，让船岸数据于多元业务场景下“自由畅行”，为船岸一体化管理平台汇聚数据流、激发协同“乘数效应”筑牢坚实基础，赋能海事运营管理在数字化航道上扬帆远航。船岸同步架构示意如图 5.30 所示。

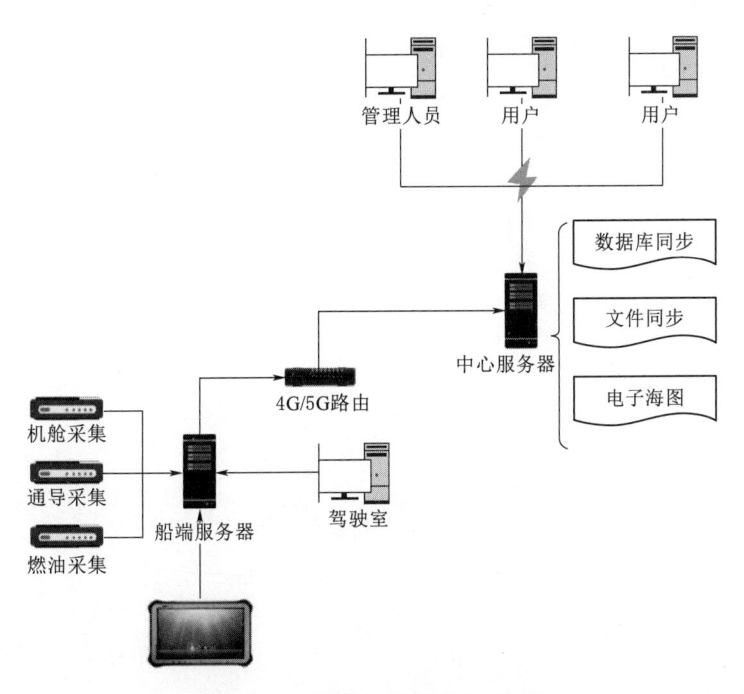

图 5.30 船岸同步架构示意图

第 6 章

主要结论

海上光伏桩基施工智能装备与系统项目组本着技术先进性、设备安全可靠性、经济合理性、系统高智能化的设计原则，对本项目进行了深入详实的研究，得出以下结论：

（1）通过对海上光伏桩基施工环境的资料充分收集、实地详细考查，形成完整的适合近海光伏施工的环境研究资料。

（2）基于对海上光伏桩基施工环境的研究，结合常规打桩、海上打桩、渔光互补等打桩作业方式，深入分析打桩设备在海上打桩的适用性和可靠性，研究并制定打桩施工准备、施工作业条件、操作工艺、质量标准、成品保护、安全措施、施工注意事项、质量记录等流程，提出了切实可行的海上光伏桩基施工工艺方法和工艺流程。

（3）基于海上光伏桩基施工环境和海上光伏桩基施工工艺方法的研究结果，在成套施工工艺的基础上，对海上光伏桩基施工智能设备与系统打桩设备的各项参数和系统性能进行研究深入分析和详实计算，确定了海上光伏桩基施工设备的各项性能参数，设计绘制了海上打桩设备二维图纸和三维模型。

（4）充分运用计算机网络、数据库、现代通信、多媒体等技术，贯彻集成高效的设计理念，为保障本设备任务使命的顺利达成，建设了数据中心完善、智能化程度高、通信功能强大的智能化系统，实现了船舶管理、打桩定位、视频监控、安全检测、机舱动态检测和能效管理等功能。

通过上述研究内容的成功完成，海上光伏桩基施工智能装备与系统项目具有以下技术先进性：

（1）高效移船稳船及精准定位技术。采用艏艉台车定位桩、固定定位桩、锚机及防横倾系统，大幅提高船舶稳定性；首次应用台车作为打桩船横向移船设备，与锚机纵向移船相结合，有效提高移船效率和精度。

（2）双吊机悬吊打桩施工技术。首次实现了双吊机协同作业，优化了海上光伏预制桩的安装过程，大大提高了施工效率，降低了单桩安装的时间和成本。

（3）多管柱高精度同步定位打桩技术。采用双侧可旋转 8 悬臂定位工装设计，根据施工桩基点位数据，通过调整悬臂角度进行施工位置微调，提高施工点位定位精度；一次定位，8 根 PHC 桩同步施工，有效保证各 PHC 桩桩间距的稳定性；以 4～8 根 PHC 桩作为一个光伏组串进行安装，稳定可靠的桩间距可以提高光伏支架安装精度，降低作业难度。

综上所述，海上光伏桩基施工智能装备与系统项目以解决海上光伏桩基施工中的实际难题为导向，通过技术创新和系统集成，实现了施工过程的智能化、精准化和高效化，具有显著的经济效益和社会效益。

参 考 文 献

［1］ 张芳，邹俊．“十四五”时期我国光伏产业市场培育的前景，困境与路径选择［J］．湖北经济学院学报（人文社会科学版），2021，18（3）：43－46．

［2］ 搜狐网．千亿市场！海上光伏潜力有多大？规划、政策、现状、难点一览！［EB/OL］．［2023－12－17］．https：//business. sohu. com/a/744871639 _ 1211238 86．

［3］ HELVESTON J，NAHM J．China’s key role in scaling low－carbon energy technologies［J］．Science，2019，366（6467）：794－796．

［4］ 邱燕超．山东海上光伏驶向“深蓝”［N］．中国电力报，2022－08－05（002）．

［5］ 吕鑫，祁雨霏，董馨阳，等．2020年光伏及风电产业前景预测与展望［J］．北京理工大学学报：社会科学版，2020，22（2）：6．

［6］ 山东省能源局．山东发布桩基固定式海上光伏实证项目成果-积极探索蹚新路先行先试作示范［EB/OL］．［2023－9－28］．http：//nyj. shandong. gov. cn/art/ 2023/9/28/ art_59966 _10301076. html．

［7］ 惠星，穆鹏飞，张艳，等．海上光伏项目的前期开发——以山东省沿海为例［J］．西北水电，2023（1）：96－101．

［8］ 新浪财经．海上“风光”资源受市场追捧，风电光伏“入海”面临多重挑战［EB/OL］．［2022－12－7］．https：//finance. sina. com. cn /roll/2022－12－07/ doc－imqqsmrp 8920285. shtml．

［9］ 程永鑫，杨潇，李国权．海上光伏的立体分层用海模式研究［J］．自然资源情报，2023（6）：22－28．

［10］ 黄鑫．基于Z－number的海上光伏发电项目投资风险决策研究［D］．北京：华北电力大学，2021．

［11］ 李玲闻樱．海上光伏发电项目投资风险分析及评估模型构建［D］．北京：华北电力大学，2019．

［12］ 朱军辉．海水抽水蓄能与海上光伏一体化发电技术及经济性分析［J］．南方能源建设，2023，10（2）：11－17．

［13］ 杨树立，卞小燕．“东西南北”全开放沿海发展再提升［N］．新华日报，2015－05－20（001）．

[14] 徐卫兵，惠星，李东侠，等．桩基固定式海上光伏项目开发建设策略［J］．西北水电，2023（5）：118－122．

[15] 康兴，刘德志．我国海洋资源利用的经济效益分析［J］．价值工程，2018，37（35）：285－288．

[16] 付元宾．完善海洋强国建设战略体系，推进五大领域陆海统筹——《中国陆海统筹战略研究》评介［J］．世界海运，2022，45（4）：46－48．

[17] 全球最先进 140m 级打桩船“一航津桩”建成交付［J］．中国港湾建设，2022，42（2）：78．

[18] 康思伟．海洋工程基础打桩船的技术现状与发展动态［J］．船舶工程，2021，43（2）：1－7，47．

[19] 艾荣．海洋工程起重船建造过程中的经验分析［J］．石油石化物资采购，2019，(25)．

[20] 亚洲第一高度超大型高性能三航桩 15 号船建成投产［J］．水运工程，2004（2）：36．

[21] 彭晨阳，刘二森．全球打桩船市场版图［J］．中国船检，2019（5）：75－79．

[22] 陶宁．桩架立柱结构优化设计［D］．黄石：湖南师范大学，2021．

[23] 振华重工交付世界首艘 140 米级打桩船［J］．起重运输机械，2022（2）：3．

[24] 孙茂凯，王生海，韩广冬，等．船用起重机多柔索减摇系统动力学分析与工程应用［J/OL］．中国机械工程：1－14．

[25] 王建立，刘可心，王生海，等．船用起重机双摆吊重减摆动力学分析与实验［J］．华中科技大学学报（自然科学版），2024，52（1）：72－77．

[26] 刘璧钺，吴慧敏，邵武豪，等．船用起重机选型与布置研究［J］．船舶，2022，33（3）：106－115．

[27] 王生海，孙茂凯，曹建彬，等．船用起重机吊重防摆控制研究进展［J］．大连海事大学学报，2021，47（4）：1－9．

[28] 吉阳，王虎，陈海泉，等．船用起重机减摇装置液压系统设计与试验研究［J］．合肥工业大学学报（自然科学版），2019，42（8）：1041－1046，1076．

[29] 姬长宇．多扰动下船用起重机系统主动式减摆控制策略研究［D］．哈尔滨：哈尔滨理工大学，2023．

[30] 吴少飞．船用起重机半主动升沉补偿系统研究［D］．哈尔滨：哈尔滨工程大学，2022．

[31] 王旭辉．船用起重机的升沉与减摇控制研究［D］．大连：大连理工大学，2022．

[32] 段汶奇．船用起重机主被动波浪补偿装置模块化设计研究［D］．大连：大连海事大学，2020．

[33] 郑国旺，邢玉林，王毅．海上水面自主船舶（MASS）航海保障需求简析［J］．航海，

2021 (2)：72 - 75.

［34］ 中国船级社. 自主货物运输船舶指南（2018）［M］. 北京：人民交通出版社，2018：1 - 72.

［35］ 中国船级社. 智能船舶规范（2020）［S］. 北京：人民交通出版社，2020.